无线多播通信系统资源分配算法

李松 著

科学出版社

北京

内 容 简 介

本书主要研究面向未来无线通信系统的多天线多播资源分配，具体包括面向无线多播的空域、频域和用户域的无线资源分配问题。本书共 4 章，针对无线多播系统有限反馈多组多播预编码、多播组间资源分配和多播组内资源分配分别提出了相应算法。

本书主要面向高等院校电子信息相关专业研究生和科研人员，也可供从事无线通信领域的工程技术人员参考使用。

图书在版编目(CIP)数据

无线多播通信系统资源分配算法/李松著. —北京：科学出版社，2021.3

ISBN 978-7-03-067389-3

Ⅰ. ①无… Ⅱ. ①李… Ⅲ. ①无线电通信-通信系统-系统设计
Ⅳ. ①TN92

中国版本图书馆 CIP 数据核字(2020)第 263959 号

责任编辑：惠 雪 曾佳佳/责任校对：郑金红
责任印制：张 伟/封面设计：许 瑞

科 学 出 版 社 出版
北京东黄城根北街 16 号
邮政编码：100717
http://www.sciencep.com
北京凌奇印刷有限责任公司印刷
科学出版社发行 各地新华书店经销
*
2021 年 3 月第 一 版 开本：720×1000 1/16
2022 年 11 月第三次印刷 印张：7 1/2
字数：150 000

定价：79.00 元
(如有印装质量问题，我社负责调换)

前　　言

随着无线通信技术和无线通信网络的高速发展，无线通信业务已从传统的语音、文本业务发展至音视频多媒体、虚拟现实/增强现实、海量信息感知、远程控制等业务，不断涌现的新业务从传输速率、海量接入、低时延、高可靠等不同维度对无线通信系统提出了差异化需求。远程在线会议、游戏、网络电视、应急数据分发等类型的业务需要将同样的内容发送至多个目标用户，这种多接收用户的特点给资源受限的无线网络带来挑战。无线多播是一种通过共享无线网络资源，从一个数据源向多个目标用户发送相同数据的技术。由于无线信号传输具有天然的广播特性，所以无线多播技术尤其适用于无线多媒体的数据传输。

无线网络资源分配指为无线通信中的用户、业务、链路等通信单元分配频率、功率等通信资源，以提高通信系统的有效性、公平性，满足用户差异化服务质量需求。在无线多媒体多播网络中，网络及用户的动态变化制约了无线资源的利用，限制了系统的频谱利用率，从而影响网络的用户服务质量。因此无线多播通信系统空域、频域和用户域的资源分配问题已成为业内研究者关注的热点之一。

本书共4章。第1章介绍无线多播基本概念和国内外研究现状，分析了无线多播系统中的关键技术。第2章研究了基于有限反馈的多组多播系统的预编码问题，在系统性能降低不多的条件下有效降低了多播系统反馈量，利于多播系统中预编码算法的实用化。第3章研究了多天线多播系统中组间资源分配问题，从系统容量和组间公平两个角度分别给出了多播组间的资源分配算法。第4章研究了无线多播系统中组内资源分配问题，通过在多播组内的用户间进行合理的资源分配，突破子载波上的传输速率受限于最差用户容量的瓶颈，以提高整个多播组的吞吐量和传输速率。

作者长期从事未来无线通信的研究工作，在国家自然科学基金青年科学基金项目(51504255)、徐州市科技计划项目(KC18068)、中国矿业大学优秀青年骨干教师项目资助下，针对无线多播系统中空域、频域和用户域的无线资源分配问题，提出有限反馈多播波束成形、多播组间资源管理、多播组内资源管理等一系列资源管理方法。本书是作者在未来无线通信领域研究工作的科研成果总结，希望对广大同行有一定的参考作用。由于作者水平有限，书中可能存在不妥之处，恳请各位专家和读者批评指正。

作 者

2020 年 9 月

目　　录

第1章 无线多播系统概述

1.1 无线多播业务

下一代移动网络需要为不断涌现的新型移动业务提供差异化服务质量(quality of service, QoS)保障，如车联网、高清视频、视频会议、VR游戏等。传统的流媒体点播或内容下载等大多是基于点对点通信技术(单播)的业务形式，这种业务形式对无线资源的占用通常会随着用户量的增加而增加。而有些业务，比如车联网中交通信息分发、热点视频分发等，大量用户同时请求相同的数据时，如果采用点对点模式传送信息，为每个用户分配不同的无线资源，会不可避免地造成无线资源的浪费。为了提高无线网络中无线资源利用率，采用广播/多播技术实现此类业务的内容传送是发展的必然[1-3]。

由于多播和广播技术可以有效地节约网络带宽，提高网络容量，并且降低服务的运营成本，因此最适合于支持基于分组的多媒体业务，诸如付费广播、股票报价、视频广播等。随着移动通信网络传输能力的提高、移动设备计算存储能力的提升、新型移动业务的不断涌现以及移动用户/设备数量的迅猛增长，在移动通信网络中实现广播/多播技术已成为移动通信系统发展的热点之一。广播和多播都是通过相同的无线资源将数据包从数据源传送到多个目的节点的通信方式。"广播"主要应用于对所有用户传输数据的服务，如电台广播和电视，而"多播"主要指只针对已经加入了多播组的用户传输数据的服务，如视频会议和网络游戏。目前，随着用户的增多，移动宽带业务给网络容量带来了史无前例的挑战。研究无线通信系统中的多媒体广播/多播业务传输技术，有效地利用移动网络资源，实现高速率的多媒体业务广播和多播对于未来移动通信的发展至关重要。

多播传输中，发射端使用相同的时频资源向多个用户发送相同的信息[4-6]，因而能够节省频谱资源，在未来无线通信系统中受到了较多的关注。由于发射端和多个用户之间无线信道的差异，多播传输中需要统筹考虑发射端和所有用户之间的无线信道状态信息，满足尽量多用户的 QoS 需求。若保证所有用户的正确接收，多播传输速率受限于多播系统中最差用户的信道容量。多播系统中多天线的引入能够对抗信道衰落，在不增加信道带宽和发射功率的情况下带来系统容量的成倍提高。多天线系统中，预编码是指通过在天线端分配不同权值，在发射端对发送数据进行预处理，以提高系统性能的一种技术。多天线多播系统中预编码的引入能够通过提高系统中最差用户的接收信噪比(signal-to-noise ratio，SNR)来提高多播传输速率。

多播能有效地传输相同的内容给多个接收者，节省了大量的网络资源。然而，当网络规模越大时，多播系统的能量消耗就越多[7-9]，因此在多播系统中对业务和用户有效地进行资源分配极为重要。多天线多播系统通过空域、频域及功率资源的合理配置，有效提高多播系统吞吐量等性能，为用户提供更好的服务体验。多播系统中需要传输多个多播业务(每个多播业务对应一个多播组)，而每个多播组中又包含多个多播用户，因此多播资源分配包括组间资源分配和组内资源分配。组间资源分配指当多播系统中包含多个多播组时，发射端在多个多播组之间合理分配系统资源以提高系统性能，同一个多播组内多个用户共享资源；组内资源分配指在同一个多播组内的多个用户中合理分配系统资源，同一个时频资源块为多播组内的部分信道状态较好的用户服务，通过组内无线资源的分配来提高多播组传输速率及吞吐量。

1.2   无线多播系统研究现状

1.2.1   无线多播系统容量分析

根据香农信息理论，用户的传输速率应不大于信道容量，而信道容量取决于接收信噪比和系统带宽。由于多播系统中各多播用户间的信道差异性，各多播用户的信道容量各不相同。为保证多播传输过程中所有用户的正确接收，多播系统的数据传输速率应不大于所有用户的信道容量，因此定义多播系统的信道容量为多播系统中最差用户的信道容量。文献[10]～[12]对多播系统性能分析的研究集中在不同信道条件下多播系统容量和中断概率。

Jindal 和 Luo[10]详细分析了多播系统的容量，然后分析了两种特殊情况下(采用发射预编码时，以及发射数据为单位方差时)多播系统的容量表达式，并且分析了信道容量在用户数增加和发射天线数增加时的变化趋势，为多播系统研究中的各种算法提供了性能分析的理论界限。

Park 和 Love[11]分析了采用天线选择时多天线多播系统的信道容量，通过天线选择的方式使多播系统信道容量最大化。天线选择的方式相比多播预编码问题，能够降低发射端处理的复杂度，但是天线选择的方式仍然需要多播用户的信道信息。Park 等[12]分析了相关信道条件下多播系统的容量及中断概率。与非相关信道相比，信道的相关性使系统性能变差。

Park 和 Love[13]分析了多播系统的中断概率。中断概率的定义为多播容量小于某个阈值时的概率，其中多播容量采用 Jindal 和 Luo[10]的定义。在发射端多根天线之间发送的数据不相关，每根天线发射功率相同的情况下，分析了每次发送占用一个时隙以及采用多个时隙分集发送两种方式下的中断概率，并给出了当用户数趋于无穷时中断概率的上界和下界。

1.2.2　多播系统中的多天线预编码

随着无线通信需求的增长和手机多媒体新业务的出现，未来无线通信的发展要求实现广域连续覆盖，支持更高的传输速率。多天线技术通过多副发送天线取得更多的通信自由度。多天线技术通过空间分集能够克服多径衰落并显著提高无线通信系统的覆盖范围、容量和频谱效率。

预编码是多天线系统实现空间分集的一种技术，通过在天线端分配不同权值对发送数据进行预处理以提高系统性能。单播系统中，预编码的目的是最优化目标用户的接收性能，预编码准则包括最大似然(maximum likelihood，ML)、匹配滤波器(matched filter，MF)、最小均方误差(minimum mean square error，MMSE)、迫零(zero forcing，ZF)等。由于多播系统中包含多个接收用户，因此单播系统中的预编码准则无法应用于多播系统。多天线多播系统中的预编码应统筹考虑多个接收用户的信道状态，使多个用户的平均性能最优或者使多个用户的性能之间达到一定的公平性。因此多播用户预编码矢量的设计准则包括功率受限时最大平均信噪比，功率受限时最大最小接收信噪比，满足信噪比需求时最小化发射功率等。

麻省理工学院的 Lopez[14]第一次探讨了多天线多播系统中的复用以及调度问题，对多播系统中存在的问题给出了详细的阐述，指出多播系统在节省频谱资源的同时，传输速率受限于最差用户的速率。Lopez 在设计发射端预编码矢量时遵循最大化平均信噪比准则，使得多个用户的平均信噪比最大。但是最大化平均信噪比准则带来各个用户之间接收信噪比的差异过大，使得有的用户接收信噪比过低而无法正确接收多播信息。

罗智全教授科研团队对多播传输的预编码、用户接入、系统容量等问题进行了深入的研究。其中，Sidiropoulos 等[15]对多播系统中的预编码问题进行分析，为后续多播问题的研究奠定了基础。多播系统中的预编码问题可以抽象为两个最优化问题：一是在功率受限的情况下最大化所有用户中的最小信噪比；二是在所有用户满足信噪比需求的情况下最小化发射功率。两个问题互为对偶问题，且求解出的最优预编码矢量相同。两个问题都为二次约束条件下的二次优化问题，由于问题的非凸特性，不能对问题直接求解，只能通过对问题进行放缩，放缩为半正定(semidefinite programming，SDP)问题，然后对半正定问题的解进行随机化运算，得到原问题的近似最优解。

与 Sidiropoulos 等[15]对单组多播的研究不同，Karipidis 等[16]对多组多播预编码问题进行了理论分析，抽象出了最优化公式。多组多播系统接收用户端中除了信道噪声的影响，还存在其他用户组的数据干扰。因此多组多播问题可以抽象为在发射功率受限的条件下，最大化所有用户中最小的信干噪比。同样，它的对偶问题是在所有用户的信干噪比满足 QoS 需求的情况下最小化发射功率。

Phan 等[17]研究了频谱共享场景中的多播预编码问题。在接收端具有完美信道状态信息(channel state information，CSI)、不完美 CSI 和统计 CSI 条件下，分别研究了基于预编码的功率最小化问题、基于预编码的干扰最小化问题、基于预编码的最大最小公平（max-min fair，MMF）问题和最差用户的信噪比干扰折中问题。

文献[15]、[16]中多播系统中的预编码依据所有用户信道信息，通过将最优化问题放缩为半正定问题，然后求解放缩后的半正定问题，再对半正定问题的解进行随机化，最后求得原预编码问题的解，即最优预编码矢量。这样经随机化过程后的输出结果不一定是最优的，而且在求解 SDP 问题时计算复杂度非常高。Abdelkader 等[18]提出一种不同的多播系统预编码矢量的求解方法。选取部分用户，使这部分用户的 QoS 需求得到满足，从而求得这种情况下的预编码矢量，然后对求得的矢量进行缩放，以满足所有用户的 QoS 需求。由于预编码矢量取决于用户选择，因此重复多次用户选择得到多个预编码矢量，并从中选取一个使得发射功率最小的预编码矢量作为最终多播用户的预编码矢量。

同文献[15]～[18]中通过预编码来最大化最小信噪比不同，Ntranos 等[19]分析了通过预编码来最小化中断概率。此处中断概率定义为多播组中不能满足 QoS 需求的用户比例。因此最小化中断概率等价于最大化能够同时服务的用户数。

Matskani 等[20]讨论了联合多播预编码和接纳控制问题。由于在多组多播中，某些情况下无法满足所有用户的 QoS 需求，此时需考虑多播系统中的接纳控制问题。应首先考虑满足部分用户的信噪比需求，然后再向尽可能多的用户提供服务，即在功率受限的情况下，如何选择预编码矢量，使得满足 QoS 需求的用户达到最多，在用户的性能和公平性之间取得折中。

以上研究只是集中在发射端的预编码问题上，预编码技术利用了系统的空间自由度，而空时编码技术还能利用系统的时间自由度进一步提高系统性能。Wang 等[21]分析了多播系统中采用改进的空时编码的性能。在空时处理前对发射信号做一次预编码，这种改进的空时编码方法同时利用了系统的空间自由度和时间自由度。

Do 等[22]讨论了多播系统的跨层设计，分析重传机制对多播传输中的作用。单播传输中，发射端只需要根据目标用户的接收状态，重发目标用户未正确接收的数据。相比单播传输，由于多用户中各个用户的接收状态不同，多播系统中的重传机制的设计显得尤为重要。

Lozano[23]提出了一种低复杂度多播预编码算法，初始化预编码矢量后，计算所有多播用户的接收信噪比，然后选择多播组中最差用户，每次迭代将预编码矢量向最差用户接收信噪比的梯度方向旋转，提高最差用户的接收信噪比。这种方式避免了求解 NP 难（NP-hard）问题的复杂运算，但是只能求得预编码矢量的局部最优解，且算法性能会受预编码矢量初始值的影响。Han 和 Ansari[24]研究了协作通信场景中的预编码问题，计算发射端预编码矢量来降低多播总发射功率。其通信过程如下：发射端第一个时隙向接收用户广播数据，第二个时隙选择一个正确接收的用户转发数据来保证所有用户正确接收。在求解预编码矢量时，每次迭代通过梯度法重新计算预编码矢量并且选择第二个时隙进行转发的用户。多播用户通过对第一个时隙和第二个时隙接收信号进行最大比合并（maximal ratio combining，MRC）来得到最终数据。

与文献[15]～[18]通过预编码提高多播用户的最小信噪比不同，Du 等[25]提出两种方案优化多播系统平均误符号率（symbol error rate，SER）：基于预编码的方案和基于天线选择的多播方案。基于天线选择的多播方案中为每个用户选择适合自己的天线组合进行空时编码，不同的天线组合采用码分多址（CDMA）方式同时接入。

1.2.3　多播资源分配问题

多播能有效地传输相同的内容给多个接收者，节省了大量的无线资源，因此它对于资源有限的无线网络来说是一个非常有效的传输技术。然而当网络规模越大时，多播消耗的功率就越多，因此有效地进行资源分配是很重要的。在多播传输系统中，需要优化配置的无线资源不仅仅包括功率，还包括子载波、时隙和码字等其他资源，这些资源与功率资源之间的分配有着很强的相关性，通过联合优化分配相关的资源可以大幅度提高系统性能，改善各种资源的利用率[26-29]。但是，当考虑众多资源联合优化时，它们之间的相关性很难用明确的数学解析表示出来，再加上各种约束条件，使得不同资源在多播用户之间的分配问题成为一个极难解决的多维优化问题。优化变量和约束条件的增加将会导致维数灾难，使得问题无法求解，因此设计复杂度低的资源分配策略是非常必要的。

与单播系统中资源分配问题不同，由于多播系统中存在多个用户，多播系统的资源分配问题要考虑多个用户的不同信道情况。多个用户之间的信道差异性造成每个用户的可达传输速率不同。传统的多播资源分配中，多播用户的速率受限于信道条件最差用户的速率。针对传统多播策略容量受限的情况，许多学者和科研机构提出了在多播场景下的资源分配策略，以提高多播系统的性能。同单播系统中的资源分配一样，多播资源分配同样抽象为一个最优化问题，但是最优化问题的优化目标和约束条件同单播资源分配有较大的不同。

Özbek 等[30]分别针对 SISO 和 MISO 系统，分析了多播系统的子载波分配和比特分配方法。在 SISO 系统中，分析了 3 种方案：方案一中所有子载波上都承载所有多播用户的传输，在每个子载波上所分配的比特数根据的是各子载波上最差用户的速率。方案二根据每个子载波上所能分配的比特数进行子载波分配，最大化每个子载波的和速率，然后根据子载波分配的结果进行比特分配。方案三是在方案二基础上，在子载波分配后对分配结果进行了修正。MISO 系统中的资源分配方案的 3 种类型与 SISO 系统中类似，区别在于 MISO 系统中进行资源分配的同时考虑了预编码矢量的计算。

Bakanoglu 等[31]分析了单天线多播系统中的子载波分配和比特分配问题。由于每一个子载波上的传输速率都取决于这个子载波上所分配用户中可达速率最小的用户，所以研究内容为在多个子载波上给多个用户传输数据的情况下子载波的分配情况，使得所有用户中最小速率最大。第一步在子载波分配时考虑所有子载波上传输同样的比特数。比特分配考虑的是剩余比特分配，由于在每个子载波上分配的比特数必须是整数，这样就会有一部分剩余功率，在哪一个子载波上多分配一个比特所需要的功率最小，就往那个子载波上再分配一个比特，重新计算剩余功率。

Liu 等[32]分析了 SISO 系统中的多播问题，针对多个用户多个组(多个数据流)，通过资源分配来最大化系统容量，系统容量定义为各组容量的求和，每个组的容量取决于组中最差用户的容量。

Xu 等[33]考虑多播系统中的子载波分配和功率分配，目的是最大化系统的吞吐量，吞吐量公式采用香农公式，对所有用户、所有子载波求和。采用两步求解问题的次优解，第一步固定功率分配情况下求最优子载波分配；第二步在已求得子载波分配的情况下，求解最优功率分配，采用注水的方式。然而论文没有考虑用户的分组情况，即不同组中的用户不能采用同一个子载波，否则产生组间干扰。

Ngo 等[34]考虑多播数据流之间的公平性，研究了多播系统的资源分配问题。在资源分配优化问题中增加了一个限制条件，要求每个多播组所占用的子载波数量大于一定值。然后分两步给出了最优化问题的求解方法，第一步为子载波分配，第二步为功率分配。子载波分配中首先按公平性原则保证每个多播组能够占用自己指定数量的子载波，然后将剩余的子载波按容量最大化的原则进行分配。这样能够在总容量差不多的条件下满足用户之间性能公平性。如果用户组之间的信道差异较大，比如有的多播组离基站较远，则给信道质量差的用户多分配几个子载波。但是限制条件中只是保证每个多播组占用子载波的数量，并不能保证每个多播组的传输速率。

由于多播系统在用户数目增加的情况下，会出现容量饱和的情况，Suh 和 Mo[35]将多描述编码引入正交频分复用（orthogonal frequency-division multiple，OFDM）无线多播网络中，提出了基于多描述编码的联合功率控制和比特分配策略。通过多描述编码将多播数据分成多层，信道条件好的用户比信道条件差的用户能够接收更多层的多播数据，避免了多播容量受限于最差用户的情况，从而提高了多播系统的吞吐量。不同的多描述编码层被应用到不同的子载波上，信道状态好的用户比信道状态差的用户接收更多子载波上的数据。Suh 和 Mo[35]考虑单个多播组场景，提出局部资源优化算法，无法达到多播系统容量最优化。Ma 等[36]进一步分析多个多播组场景，提出了一种基于多描述编码的最大化加权和容量全局最优的资源分配算法。多描述编码的引入使得所有用户无须接收到完全相同的信息，而可以接收到多播数据的不同描述方式，避免了针对深衰用户的多次重传以及每次传输的发射速率受制于最差用户的现象[37]。

针对随着用户数的增加，系统容量趋于"饱和"的问题，Tan 等[38]提出了一种自适应多播传输策略，在用户数过多的时候，将大的多播组分裂为多个小的多播组，这样每个多播组的传输速率得到提高。基于这种"多播组分裂"思想，Tan 等[38]提出了一种资源分配方式，研究用户的重新分组以及组间资源分配。

Liu 等[39]基于不同的系统性能优化准则，提出了两种基于叠加码的无线多播系统分层传输方案，并讨论了这两种传输方案的最优资源分配问题。对于无线多播的分层传输，即多播数据流被划分为基本流和增强流，其中一个系统性能优化准则是使得多播基本流和多播增强流的用户平均容量最大，讨论了在该准则下的最优功率分配和最优用户选择比例问题；另一个系统性能优化准则是使得多播基本流的系统时延较小，并同时使得多播增强流的用户平均容量较大，讨论了在该准则下的功率分配和速率分配的联合最优化问题。

Dai 等[40]提出了一种功率分配算法，在用户 QoS 约束下最大化 CDMA 系统保留链路的最小速率。Papoutsis 等[41]基于迫零算法和多天线系统空间相关性，提出了一种 MISO-OFDMA 系统考虑公平性的用户选择和资源分配算法。

分级调制是另一种分层多播的实现方法，是高阶调制的一种推广，将源数据流分为若干层，各层的数据流在调制后通过星座图叠加的方式复用，以实现分层传输。Feng 等[42]提出了一种包括星座重分配和信息比特重分配的分层调制 HARQ 回转方案，其中发射端根据反馈信息来选择一个星座，接收端把回转信息联系起来，进而对分层数据进行译码。星座重分配和信息比特重分配的增益通过一次回转完成，节省了回转次数，并提高了频谱效率。Zhao 等[43]针对分层调制中受到较少保护的增强层衰减问题提出了一种矢量回转调制方式，在频率选择性信道中可以通过频域交织获得分集增益，在宽带多媒体广播中有效地提升传输性能。

与分级调制不同，Tsai 和 Chen[44]提出了一种多级耦合的调制方式，在广播多播系统中实现多分辨率传输。调制之前的数据包括五部分，分别调制在五个子载波上。前四个子载波分别承载四种分辨率的主要服务数据，第五个子载波上承载的数据为最高分辨率的辅助数据。最高分辨率的辅助数据与最高分辨率的主要服务数据耦合后形成次高分辨率的辅助数据，以此类推，这种方法可以生成各个分辨率的辅助数据。用户的信道条件越好，可以成功译码的辅助服务数据分辨率越高。该调制方式比分级调制更加灵活，更好地兼容现有通信系统中的调制设备。

Deng 等[45]分析了 OFDMA 蜂窝网络中基于分层传输的多播传输子载波和功率分配问题，多播数据流由基本层和增强层组成。资源分配问题建模为功率受限和最小速率保证的条件下最大化系统吞吐量。针对该资源分配问题，提出一种低复杂度的分配算法，采用基于匹配的子载波分配和改进的注水定理来实现子载波分配和功率分配。

Alay 等[46, 47]将分层调制思想引入协作多播场景中。研究了无线网络中的协作多播问题并提出了最佳速率自适应和中继选择策略，考虑中继位置、用户分区、两跳速率自适应、源与中继时隙调度问题，提供更佳的视频服务质量[46]。提出了一个协作分层多播策略，它将多播数据分成基本层和增强层，并以不同的功率传输[47]。这样离基站近的用户能成功地接收这两个数据流，并通过分布式空时码协作转发给远端用户，离基站远的用户只需从基站接收基本层数据流。

1.2.4　机会多播调度

机会多播是近年来出现的一个有关多播的研究方向。多播系统中的多个用户信道状态存在差异，某些用户的信道可能处于深衰，使得这些用户能接收的传输速率受限。多播传输中如果每一次传输都保证所有用户的正确接收，传输速率必然受到最差用户速率的限制。为了让多播用户的平均信道容量最大，并同时获得多用户分集和多播增益，有必要对每次多播传输的期望接收用户进行调度，即机会多播调度(opportunistic multicast scheduling，OMS)。机会多播调度的核心理念是每次传输中选取部分信道性能较好的用户进行传输，以提高每次传输的传输速率，通过多个时隙的传输来保证所有用户的正确接收。所以机会多播调度的关键问题为如何从多播组所有用户中选出合适的用户进行传输。在机会多播调度的方式下，源信号的发射速率会远大于广播方式下的发射速率，同时每次信号发射中有一定比例的用户能够接收到多播消息。选择合适的发射速率，可以使多播用户的平均信道容量最大，并同时获得多用户分集和多播增益。

Low 等[48]首次研究了机会多播调度问题，利用极值理论分析最大化吞吐量的期望用户选择比例，提出了最小化多播时延的期望用户比例选择方法，结果表明即使在异构网络中用户具有不同的大尺度衰落时，OMS 算法也可以得到很好的时延性能。Low 等[49]进而利用极值理论分析最小化系统时延的期望用户选择比例，为用户选择最佳方案。然而该调度方法存在以下问题：当多播组中用户个数变化时，需要重新计算最佳选取的用户数。因此在用户接入或者退订多播业务时，会出现调度用户数的频繁变化，带来大量的运算开销。

Low 等[50]还讨论了多天线多播系统中的机会调度方式，发现多播系统中的多天线可以在空分复用模式和预编码模式下工作，研究了两种模式下多播系统容量，并且给出了在两种模式下机会多播的调度准则。文章还提出了优化的空时传输模式，通过对用户的协方差矩阵进行分解，来确定多播系统中的调度准则。这种优化的空时传输模式的系统容量优于空分复用模式和预编码模式。

Kozat[51]分析了多播系统机会调度模式下的吞吐量，分别研究了在独立同分布信道和非独立同分布信道下，选择合适的用户数以最大化最小用户的吞吐量。然后分别讨论了独立同分布和非独立同分布信道条件下系统的吞吐量，分析了瑞利信道条件下采用机会调度时多播系统容量，给出了用户吞吐量的表达形式。

与文献[48]～[50]中通过香农信道容量公式来计算系统吞吐量不同，Ho 和 Ngoc[52]考虑了一种更为实际的情况，在机会调度中根据多播用户的瞬时信道信息通过自适应调制编码来动态地调节发射端的传输速率，通过发射速率的调节来选择本次传输中所调度的用户，从而最大化多播系统吞吐量。

以上研究都假设基站知道所有用户的瞬时信道状态信息，用户在每个时隙都反馈自己的信道状态信息给基站，在多播用户数增加和子载波数量增加的情况下，上行反馈开销将迅速增加。因此在对系统性能损失不大的情况下，研究降低反馈量的机会多播调度策略，以适用于实际多播场景[52-54]。

与文献[48]、[49]中的用户选择方式不同，Dang 等[53]提出了一个基于接收信噪比阈值的用户选择方式，接收信噪比大于这个阈值的用户可以正确接收数据，接收信噪比小于这个阈值的用户不能正确接收数据。文章分析了面向最差用户、最好用户和基于擦除码的机会多播三种传输方式对应的传输速率，分析了三种方案的吞吐量，推导了吞吐量的表达式。利用擦除码去挖掘多播增益和多用户分集增益，并且采用平均 SNR 以减少多播系统的反馈。由于该算法利用平均信道信息来代替瞬时信道信息，有效减少了信道信息反馈的开销，而且该方法适用于信道状态随时间快速变换的衰落环境，并保证了大型多播组中用户之间的公平性。

文献[48]～[50]中依据信息论容量来进行调度，机会多播策略要求用户频繁反馈瞬时信道信息，在系统中反馈负载随着用户数增加而急剧增加。Huang 等[54]提出了一种利用机会多播调度降低反馈量的算法，在维持系统吞吐量减小不大的情况下，减少了反馈量。用户并不需要反馈完全信道信息，而只需要周期性反馈给基站一个接收概率。其核心思想是在一段时间内只反馈一次，每一次反馈的是发射端采用某种调制编码方式时接收端能够正确接收的概率。每个时隙发射端对这个概率进行更新，即根据上一时隙用户在某种调制编码方式下的概率计算当前时隙下在该调制编码方式下正确接收的概率。发射端选择调制编码方式的准则是使得期望传输速率最大。该方案在容量性能降低得不多的情况下显著降低了反馈量，随着多播用户数的增加，其多播容量和传统方式更加接近。

Ko 等[55]讨论了在多播 OFDMA 系统中减少机会调度所需用的反馈负载。考虑到多播系统的特点，多播的传输速率由反馈的差用户的信道条件决定。基站依据信道条件将用户分为两个正交用户集，即信道条件好用户集(GCU)和信道条件差用户集(PCU)，其中，PCU 进行全反馈，GCU 利用反馈减少策略进行反馈。由于 GCU 用户的反馈信息一般不会影响多播的传输速率，通过减少 GCU 用户的反馈信息，从而在不损失过多吞吐量的情况下，通过牺牲一部分信道条件好的用户的反馈，减少总的反馈信息量。

1.2.5　标准化进程

国际标准化组织很早就意识到高速广播多播业务的潜在市场需求，开始了这方面的研究和协议制定工作，2010 年开始制定 IMT-Advanced 中关于多媒体广播多播的标准对新一代无线网络的广播多播业务提出了更高的要求，引起了人们的极大关注。

长期演进(long term evolution，LTE)项目是第三代移动通信(3G)的演进，是3G 与 4G 技术之间的一个过渡，是 3.9G 的全球标准，它改进并增强了 3G 的空中接入技术，采用 OFDM 和多输入多输出（multiple-input multiple-output，MIMO）作为其无线网络演进的唯一标准，这种以 OFDM/OFDMA 为核心的技术可以看成"准 4G"技术。

在移动通信网络的 LTE 框架里，提供丰富的多媒体服务，比如移动电视等，对 LTE 在移动市场的增值有着至关重要的意义。为此目的，多媒体广播组播（multimedia broadcast multicast service，MBMS）被认为是 LTE 标准化过程中有着重要作用的一个角色[56]。

第三代移动通信领域中引入了多媒体广播组播业务(MBMS)，3GPP R6 中定义了多媒体广播组播功能。为了支持多媒体广播和多播业务,LTE 中引入了多播/广播单频网(multicast/broadcast single frequency network,MBSFN)技术,即在给定的时间内,可以从多个小区发送时间同步的公共波形。MBSFN 提供了更高效的 MBMS,允许终端可以在空口合并多个小区的传输,其中使用循环前缀来应对不同传输时延的差别。对终端来说,MBSFN 传输就像来自一个大覆盖小区的传输一样。MBSFN 支持在同一个载波上使用时分复用的方式进行 MBMS 传输和点对点传输。

3GPP LTE 所制定的无线接口和无线接入网架构演进技术中特别提到了进一步支持增强的 MBMS(E-MBMS)。E-MBMS 是下一代无线接入网络 LTE 中的一种广播技术,同时向网络中所有的用户或某一部分用户群体发送高速的多媒体数据业务。E-MBMS 是包含于已有的 3G 网络或是 LTE 无线接入网络中的一个广播子系统。业界已有的一些广播系统能实现与 E-MBMS 相同的功能,但采用的是独立的系统网络和广播标准,在市场上与 E-MBMS 是一种竞争的关系。E-MBMS 与这些广播标准在基本功能和一些基本技术要求上是相同的,但实现方式和思想是完全不同的。E-MBMS 采用的是基于 3GPP 无线接入网络的技术和标准;传输、接入和切换等物理层过程都是沿用的 3G 技术。E-MBMS 体系结构中定义多小区多播协调实体(MCE),负责所有多播用户的无线资源配置,包括时间、频率资源的分配以及无线资源的配置信息,如调试编码方式等。

1.3　无线多播系统关键技术问题

关于多播传输的研究已引起国内外的普遍关注,成为当前的研究热点,但总的来说,许多重要关键问题还处于初步提出或研究空白阶段。近几年国际上的研究重点仍集中在物理层的理论研究,具体包括以下四个方面:首先是不同多播机制下,多播传输性能的研究,讨论多播容量(包括渐进容量和中断容量)的理论界;其次是研究各种空时处理技术在多播通信系统中的应用,即多播系统物理层传输技术;再次是无线广播组播系统中资源分配问题的研究,对系统进行子载波和功率分配以提高系统容量;最后是在时域上研究多播系统中的机会调度问题。

然而为推进多播系统的实用化,目前研究存在很多局限性。首先,多天线的引入使得多播系统的发射速率获得较大的提升,多播系统中空时处理技术的研究集中在发射端可以获得所有用户理想信道信息的前提下,然而多播系统中随着用户数的增加,信道状态信息反馈开销急剧上升。因此在实际多播场景中发射端获得所有用户的理想信道信息是不实际的。因此,本书第 2 章研究在有限反馈条件下多播系统的预编码算法。

其次,多播系统中的资源分配问题的研究集中在单天线系统中,多天线系统中联合预编码和资源分配问题的研究尚未开展。多播系统的传输速率受限于最差用户的信道容量,因此采用多天线技术来提高系统传输速率是很有必要的。第三代移动通信(3G)和长期演进(LTE)系统规范中引入了多天线技术,多天线中的预编码技术通过在发射端对发送数据的预处理来匹配信道矢量,预编码技术实质上是系统空域上的资源分配。本书第 3 章研究多天线多播系统中的资源分配问题,通过空域、频域和功率资源的联合分配来提高多播系统性能。

最后,由于多播系统中多用户接收相同数据的特性,多播问题中的资源分配包括组间资源分配和组内资源分配。组间资源分配指发射端为不同的多播组分配无线资源,分配后的资源块为多播组中所有用户传输数据,传输速率受限于该资源块上多播组最差用户的速率。组内资源分配指的是为多播组内的用户分配无线资源。目前资源分配问题的研究集中在组间资源分配,组内资源分配问题尚未得到深入的研究。在多播组中用户数较多时,组内资源分配问题尤为重要。因此本书第 4 章研究多播系统组内资源分配,使得多播传输速率突破最差用户传输速率的瓶颈。

1.4　本书主要内容及组织结构

本书针对基于多天线的无线多播系统,讨论无线多播系统中空域、频域和功率的资源分配问题,首先重点研究了多播系统中的多天线预编码技术,然后根据多播系统中包含多播组的个数,分别研究了组间资源分配和组内资源分配问题。通过建模和仿真,验证了理论分析的正确性和提出方案的有效性、可行性。

本书的主要内容包括以下几个方面:

研究多天线多播系统场景中的预编码问题,通过预编码操作来最大化最差多播用户的接收信噪比,进而提高多播系统发射速率。在有限反馈条件下,多播用户通过基于随机码本的有限反馈使得发射端得到所有用户的信道状态估计,得到有限反馈下的多组多播预编码问题。由于原问题为 NP-hard 问题,通过限制条件放缩将有限反馈下的预编码问题转化为 SDP 问题，然后对 SDP 问题的解进行随机化处理以得到原问题的解。有限反馈下的预编码算法在系统性能降低不多的条件下有效降低了多播系统反馈量，利于多播预编码算法的实用化。随着反馈比特数的增加，有限反馈波束成形的性能接近理想信道信息下的波束成形性能。

研究了多天线多播系统中联合空域、频域和功率的组间资源分配问题，从两个方面研究多天线多播系统中的组间资源分配问题：最大化容量的资源分配和基于组间公平的资源分配。首先，在多天线多播系统中通过资源分配算法来最大化多播系统容量，给出资源受限且各多播组遵循最少子载波数限制时多天线多播系统资源分配的目标函数，通过三阶段次优解法，将多播预编码、子载波分配和功率分配分别实现以降低运算复杂度；然后，针对最大化多播系统容量的资源分配算法中存在的组间公平性问题，提出一种考虑组间公平的资源分配算法，给出资源受限且各多播组遵循最少子载波数限制时多天线多播系统资源分配的目标函数，该算法在保证组间公平的同时对系统吞吐量造成一些损失。

研究无线多播系统组内资源分配问题。针对多播系统的传输速率受限于最差用户信道容量的问题，在多播组内的用户间进行合理的资源分配，提高整个多播组的吞吐量及传输速率，突破传输速率受限于最差用户的系统瓶颈。首先，提出基于分层传输的资源分配算法以提高系统容量，保证基本层传输所要求的最小速率的条件下，最大化增强层和速率的分配问题，满足为多播用户提供差异化服务；然后，在单天线和多播系统中研究组间资源分配以提高系统传输速率，通过组内子载波分配和功率分配的方式，在子载波上进行合理的用户选择以提高该子载波上的传输速率，功率分配过程中采用梯度法进一步提高系统传输速率；最后，在多天线多播系统场景中研究联合空域和频域的组间资源分配以提高系统传输速率，在资源分配的问题求解中将预编码操作和子载波分配联合处理以降低运算复杂度，在每个子载波上对选定的用户集进行预编码以提高该子载波上的传输速率。

本书共分 4 章，各章的结构安排以及和研究点的对应关系如图 1-1 所示。本书组织结构如下。

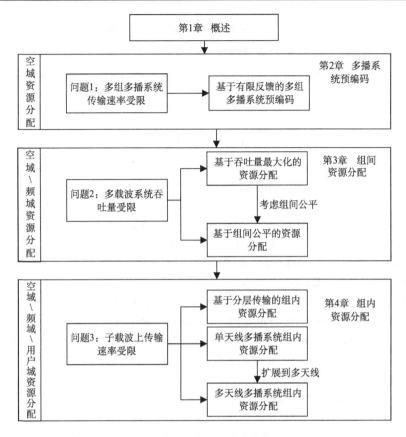

图 1-1　本书主要内容架构

本章为概述，首先介绍了本书的研究背景，然后分析了多播系统研究现状以及存在的关键技术问题，最后介绍了本书的主要内容。

第 2 章研究多组多播系统中基于有限反馈的预编码算法，构建了多播系统中的有限反馈机制以及该机制下的预编码目标函数，通过半正定-随机化（SDP-randomization）的步骤求解预编码问题，并通过仿真分析了不同反馈开销下的系统性能。

第 3 章研究了多天线多播系统的组间资源分配，在多播组之间分配空域和频域资源实现多播业务的高效传输。分别针对多播系统吞吐量和组间公平性提出了资源分配算法，并通过预编码操作、子载波分配和功率分配三个阶段求解资源分配问题。通过仿真验证了两种资源分配算法的性能以及组间公平性。

第 4 章研究了单天线和多天线多播系统中组内资源分配问题，首先提出一种基于分层的组内资源分配算法以提高系统中部分信道质量较好用户的吞吐量，进而分别针对单天线系统和多天线系统提出基于多用户分集的组内资源分配算法以提高多播传输速率。通过仿真验证了本章中组内资源分配问题算法相比传统多播所带来的增益。

参 考 文 献

[1] Varshney U. Multicast over wireless networks. Communications of the ACM, 2002, 45(12): 31-37.

[2] Correia A, Silva J, Souto N, et al. Multi-resolution broadcast/multicast systems for MBMS. IEEE Transactions on Broadcasting, 2007, 53(1): 224-234.

[3] Hartung F, Horn U, Huschke J, et al. Delivery of broadcast services in 3G networks. IEEE Transactions on Broadcasting, 2007, 53(1): 188-199.

[4] Papathanasiou C, Tassiulas L. Multicast transmission over IEEE 802.11n WLAN. 2008 IEEE International Conference on Communications, Beijing, 2008: 4943-4947.

[5] Souto N, Correia A, Dinis R, et al. Multiresolution MBMS transmissions for MIMO UTRA LTE systems. Proceedings of IEEE International Symposium on Broadband Multimedia Systems and Broadcasting, Las Vegas, 2008: 1-6.

[6] Chaporkar P, Sarkar S. Wireless Multicast: Theory and Approaches. IEEE Transactions on Information Theory, 2005, 51(6): 1954-1972.

[7] Hauge M, Kure O. Multicast service availability in a hybrid 3G-cellular and ad hoc network. Proceedings of IEEE International Workshop on Wireless Ad-hoc Networks(IWWAN), Oulu, 2004: 135-139.

[8] Guo S, Yang O. Energy-aware multicasting in wireless ad hoc networks: A survey and discussion. Computer Communications, 2007, 30(9): 2129-2148.

[9] Park J C, Kasera S K. Enhancing cellular Multicast performance using ad hoc networks. Proceedings of IEEE Wireless Communications and Networking Conference(WCNC), New Orleans, 2005: 2175-2181.

[10] Jindal N, Luo Z Q. Capacity limits of multiple antenna multicast. Proceedings of IEEE ISIT, Seattle, 2006: 1841-1845.

[11] Park S Y, Love D J. Capacity limits of multiple antenna multicasting using antenna subset selection. IEEE Transactions on Signal Processing, 2008, 56(6): 2524-2534.

[12] Park S Y, Love D J, Kim D H. Capacity limits of multi-antenna multicasting under correlated fading channels. IEEE Transactions on Communications, 2010, 58(7): 2002-2013.

[13] Park S Y, Love D J. Outage performance of multi-antenna multicasting for wireless networks. IEEE Transactions on Wireless Communications, 2009, 8(4): 1996-2005.

[14] Lopez M J. Multiplexing, scheduling, and multicasting strategies for antenna arrays in wireless networks. Cambridge, MA: MIT. 2002.

[15] Sidiropoulos N D, Davidson T N, Luo Z Q. Transmit beamforming for physical-layer multicasting. IEEE Transactions on Signal Processing, 2006, 54(6): 2239-2251.

[16] Karipidis E, Sidiropoulos N D, Luo Z Q. Quality of service and max-min fair transmit beamforming to multiple cochannel multicast groups. IEEE Transactions on Signal Processing, 2008, 56(3): 1268-1279.

[17] Phan K, Vorobyov S A, Sidiropoulos N D, et al. Spectrum sharing in wireless networks via QoS-Aware secondary multicast beamforming. IEEE Transactions on Signal Processing, 2009, 57(6): 2323-2335.

[18] Abdelkader A, Gershman A B, Sidiropoulos N D. Multiple-antenna multicasting using channel orthogonalization and local refinement. IEEE Transactions on Signal Processing, 2010, 58(7): 3922-3927.

[19] Ntranos V, Sidiropoulos N D, Tassiulas L. On multicast beamforming for minimum outage. IEEE Transactions on Wireless Communications, 2009, 8(6): 3172-3181.

[20] Matskani E, Sidiropoulos N D, Luo Z Q, et al. Efficient batch and adaptive approximation algorithms for joint multicast beamforming and admission control. IEEE Transactions on Signal Processing, 2010, 57(12): 4882-4894.

[21] Wang J, Zoltowski M D, Love D J. Improved space-time coding for multiple antenna multicasting. Proceedings of IEEE International Waveform Diversity and Design Conference, Lihue, 2006: 1-6.

[22] Do T T, Park J C, Kim Y H, et al. Cross-layer design of adaptive wireless multicast transmission with truncated HARQ. Proceedings of VTC Fall, Barcelona, 2009: 1-5.

[23] Lozano A. Long-term transmit beamforming for wireless multicasting. Proceedings of IEEE ICASSP2007, Honolulu, 2007: 417-420.

[24] Han T, Ansari N. Energy efficient wireless multicasting. IEEE Communications Letters, 2011, 15(6): 620-622.

[25] Du Q H, Zhang X, Shen X M. On transmit-diversity based multicast in mobile wireless networks. Proceedings of IEEE ICC, Istanbul, 2006: 1772-1777.

[26] Shen Z, Andrews J G, Evans B L. Adaptive resource allocation in multiuser OFDM systems with proportional rate constraints. IEEE Transactions on Wireless Communications, 2005, 4(6): 2726-2737.

[27] Jang J, Lee K B. Transmit power adaptation for multiuser OFDM systems. IEEE Journal on Selected Areas in Communications, 2003, 21(2): 171-178.

[28] Wong C Y, Cheng R S, Letaief K B, et al. Multiuser OFDM with adaptive subcarrier, bit, and power allocation. IEEE Journal on Selected Areas in Communications, 1999, 17(10): 1747-1758.

[29] Schmeink A, Mathar R, Reyer M. Rate and power allocation for multiuser OFDM: An effective

heuristic verified by branch-and-bound. IEEE Transactions on Wireless Communications, 2008, 7(1): 60-64.

[30] Özbek B, Ruyet D L, Khanfir H. Performance evaluation of multicast MISO-OFDM systems. Annals of Telecommunications-annales des Télécommu nications, 2008, 63(5-6): 295-305.

[31] Bakanoglu K, Wu M Q, Saurabh M, et al. Adaptive resource allocation in multicast OFDMA systems. Proceedings of IEEE WCNC, Sydney, 2010: 1-6.

[32] Liu J, Chen W, Cao Z, et al. Dynamic power and sub-carrier allocation for OFDMA-based wireless multicast systems. Proceedings of IEEE ICC, Beijing, 2008: 2607-2611.

[33] Xu J, Lee S J, Kang W S, et al. Adaptive resource allocation for MIMO-OFDM based wireless multicast systems. IEEE Transactions on Broadcasting, 2010, 56(1): 98-102.

[34] Ngo D T, Tellambura C, Nguyen H H. Efficient resource allocation for OFDMA multicast systems with fairness consideration. Proceedings of IEEE RWS, San Diego, 2009: 392-395.

[35] Suh C, Mo J. Resource allocation for multicast services in multicarrier wireless communications. IEEE Transactions on Wireless Communications, 2008, 7(1): 27-31.

[36] Ma Y, Letaief K, Wang Z D, et al. Multiple description coding-based optimal resource allocation for OFDMA multicast service. Proceedings of IEEE GLOBECOM, Miami, 2010: 1-5.

[37] 凡高娟, 张重生, 元沐南. 基于多描述编码的 WMSN 传输性能. 北京邮电大学学报, 2012, 35(6): 70-73.

[38] Tan C K, Chuah T C, Tan S W. Adaptive multicast scheme for OFDMA based multicast wireless systems. Electronics Letters, 2011, 47(9): 570-572.

[39] Liu Y, Wang W B, Peng M G, et al. Optimized layered multicast with superposition coding in cellular systems. Wireless Communications & Mobile Computing, 2012, 12(13): 1147-1156.

[40] Dai J S, Ye Z F, Xu X. Power allocation for maximizing the minimum rate with QoS constraints. IEEE Transactions on Vehicular Technology, 2009, 58(9): 4989-4996.

[41] Papoutsis V D, Fraimis I G, Kotsopoulos S A. User selection and resource allocation algorithm with fairness in MISO-OFDMA. IEEE Communications Letters, 2010, 14(5): 411-413.

[42] Feng M H, She X M, Chen L. A novel retransmission scheme for hierarchical modulation based MBMS. Proceedings of IEEE Vehicular Technology Conference, Barcelona, 2009: 1-6.

[43] Zhao H, Zhou X P, Wang W B. Hierarchical modulation with vector rotation for multimedia broadcasting. Proceedings of IEEE GLOBECOM Workshops, Miami, 2010: 888-892.

[44] Tsai Y R, Chen Y C. Multilevel coupling modulation for multi-resolution multimedia broadcast/ multicast service in OFDM systems. IEEE Transactions on Communications, 2011, 59(1): 141-150.

[45] Deng H, Tao X M, Xing T F, et al. Resource allocation for layered multicast streaming in wireless OFDMA networks. Proceedings of IEEE ICC, Kyoto, 2011: 1-5.

[46] Alay O, Korakis T, Wang Y, et al. Layered wireless video multicast using relays. IEEE Transactions on Circuits and Systems for Video Technology, 2010, 20(8): 1095-1109.

[47] Alay O, Liu P, Wang Y, et al. Cooperative layered video multicast using randomized distributed

space time codes. IEEE Transactions on Multimedia, 2011, 13 (5): 1127-1140.

[48] Low T P, Pun M O, Kuo C C J. Optimized opportunistic multicast scheduling over cellular networks. Proceedings of IEEE GLOBECOM, New Orleans, 2008: 1-5.

[49] Low T P, Pun M O, Hong Y W P, et al. Optimized opportunistic multicast scheduling (OMS) over wireless cellular networks. IEEE Transactions on Wireless Communications, 2010, 9 (2): 791-801.

[50] Low T P, Fang P C, Hong Y W P, et al. Multi-antenna multicasting with opportunistic multicast scheduling and space-time transmission. Proceedings of IEEE GLOBECOM, Miami, 2010: 1-5.

[51] Kozat U C. On the throughput capacity of opportunistic multicasting with erasure codes. Proceedings of IEEE INFOCOM, Phoenix, 2008: 520-528.

[52] Ho Q D, Ngoc T L. Adaptive opportunistic multicast scheduling over next-generation wireless networks. Wireless Personal Communications, 2012, 63: 483-500.

[53] Dang Q L, Ngoc T L, Ho Q D. Opportunistic multicast scheduling with erasure-correction coding over wireless channels. Proceedings of IEEE ICC, Cape Town, 2010: 1-5.

[54] Huang S M, Hwang J N, Chen Y C. Reducing feedback load of opportunistic multicast scheduling over wireless system. IEEE Communications Letters, 2010, 14 (12): 1179-1181.

[55] Ko S, Yoo Y J, Lee B G. Channel feedback reduction schemes for opportunistic scheduling in multicast OFDMA systems. Proceedings of 16th IEEE Asia-Pacific Conference on Communications (APCC), Auckland, 2010: 237-242.

[56] 尹圣君. LTE 及 LTE-Advanced 无线协议. 北京: 机械工业出版社, 2015: 193-208.

第2章 多天线多播系统中有限反馈预编码机制

无线多播系统为保证所有多播用户的正确接收，多播传输速率受限于最差用户的信道容量。无线通信系统中多天线的引入能够对抗信道衰落，在不增加信道带宽和发射功率的情况下带来系统容量的成倍提高。预编码指多天线系统中在天线端分配不同权值，在发射端对发送数据进行预处理以提高系统性能的一种技术。多播系统中的预编码能够通过提高多播系统中最差用户的接收信噪比来提高多播传输速率。

当多播系统中包含多个多播组时，接收用户除了受到信道噪声的影响，还受到其他多播组的信号干扰。多天线多组多播系统通过计算每个多播组的预编码矢量来提高本组最差用户的接收信干噪比，同时降低其他多播组所产生的组间干扰。本章研究基于有限反馈的多组多播预编码问题，每个多播用户和信源之间的信道状态由用户进行信道估计，量化后反馈给信源。反馈过程中采用随机码本，得到有限反馈条件下的预编码目标函数。通过限制条件放缩将原问题转化为半正定问题(semidefinite programming，SDP)，通过内点法等凸优化方法求得 SDP 问题的解。然后对 SDP 问题的解进行随机化处理以得到原问题的解，保证原问题限制条件的满足。有限反馈下的预编码算法在系统性能降低不多的条件下有效降低了多播系统反馈量，有利于多播预编码算法的实用化。

2.1 问 题 描 述

随着无线通信需求的增长和手机多媒体新业务的出现，未来无线通信的发展要求实现广域连续覆盖，支持更高的传输速率。多天线技术通过空间分集能够克服多径衰落并显著提高无线通信系统的覆盖范围、容量和频谱效率。多天线技术通过多副发送天线取得更多的通信自由度。多天线系统发射端通过预编码来匹配信道状态，提高接收端的性能，在不增加带宽的情况下提高了数据的传输速率。

多天线系统中，单播场景下预编码的目的是通过调整各发送天线的权值来最优化目标用户的接收性能，预编码准则包括匹配滤波器(matching filter)、最小均方误差(minimum mean square error)、迫零(zero forcing)等。由于多播系统中包含多个接收用户，无法针对某一用户去优化接收性能，因此单播系统中的预编码准则无法应用于多播系统。多播系统的预编码应统筹考虑多个接收用户的信道状态，使多个用户的平均性能最优或者使多个用户的性能之间达到一定的公平性。因此多播用户预编码矢量的设计准则包括功率受限时最大化平均信噪比[1]，功率受限时最大化最小接收信噪比，满足信噪比需求时最小化发射功率等[2]。

根据多播系统中多播组的个数，多播又可分为单组多播与多组多播。当系统中只存在一个多播组时，多播系统为单组多播。当系统中的多播组数量超过一个时，多播系统为多组多播。多播系统中的预编码问题相应地可分为单组多播预编码和多组多播预编码。单组多播和多组多播系统中的预编码问题的目标函数也不相同。多组多播中，发射端通过相同的系统资源发送多个多播数据流，每个多播组中的用户接收对应的数据流，此时其他数据流对该用户造成干扰。因此，多播用户端除了信道噪声干扰，还会受到其他数据流的干扰[3-5]。

由于多播组中多个用户信道状态之间的差异性，不同的多播用户所能接收的最大传输速率也各不相同。为保证所有多播用户的正确接收，发射端只能采用多播组中所有用户的最小速率进行传输，这样就造成了多播传输速率受制于最差用户的传输速率。因此在多天线多播系统中，预编码问题是一个关键问题。多天线多播系统通过发射端预编码来提高最差用户的接收信噪比，进而提高多播系统传输速率。多组多播系统可采用预编码的方式提高所有用户中最差用户的信干噪比。多播预编码的研究多考虑的是理想情况下的预编码，即发射端已知所有用户的全部信道信息。

Lopez 首次研究了面向一组用户的发射预编码问题[1]，他通过以一组中所有用户的平均接收信噪比(SNR)作为设计准则来设计发射波束。这种方案可归结为一种相对简单的特征值问题，但方案中的所有用户的信噪比却并不是都能得到保证的，某些用户可能会处于很差的信噪比水平上。而这种情况在多播应用中是不允许出现的，因为多播系统中信息传输速率是由最差用户的信噪比决定的。因此为了解决这个问题，提高信息传输速率，QoS 问题(保证每个用户的最小接收 SNR)和最大最小公平问题(最大化最小用户的接收 SNR)两种设计方案被提出并加以研究。在第一种设计中，方案的核心问题是 NP-hard 的问题，但可以通过半正定优化的方法得到近似解；而第二种设计中，多播系统中的预编码问题可以抽象为最大最小问题，经过限制条件的放缩，原预编码问题可以放缩为半正定（SDP）优化问题。对放缩后的 SDP 问题，可以使用一些最优化工具求解，如 SeDuMi 等。由于对原问题约束条件的放缩，SDP 问题的解未必是原问题的解。当 SDP 问题的解不是原问题的解时，通过对 SDP 问题的解进行随机化处理，得到原问题的近似解。

多播系统由一个信源和多个信宿构成。信源配备多根天线，各多播用户均只有一根天线。多个信宿归属于不同的多播组，每个多播组中用户接收相同的数据。和单组多播不同，随着发射功率的增大，最差用户的接收信噪比并不是线性增大，这是由于当发射功率增大时，有用信号功率随之增大，但是干扰信号的功率也随之增大。所以当发射功率增大到某一个值后，增大发射功率并不能使信噪比得到改善。

2.2　理想信道预编码问题及求解

2.2.1　单组多播场景

如图 2-1 所示，多播系统由一个信源和 M 个多播用户构成。信源有 N 根天线，多播用户均配有单根天线。M 个多播用户同属于一个多播组，接收相同的数据流。假设接收端能够通过信道估计获得所有用户的精确信道信息。每个多播用户和信源之间的信道状态由多播用户进行信道估计，并将量化后的信道状态信息反馈给信源。所有用户经历准静态独立同分布信道。令 h_i 为发射端和用户 i 之间的 $N \times 1$ 维信道矢量，$s(t)$ 为 t 时刻发射端待发送的数据，ω 是发射端的 $N \times 1$ 维预编码矢量，用户 i 所接收到的信号 y_i 可表示为

$$y_i = h_i \omega^{\mathrm{H}} s(t) + n_i(t) \tag{2-1}$$

式中，$n_i(t)$ 表示用户 i 端的信道噪声。假设所有用户均受到方差为 σ^2 的加性高斯白噪声。

用户 i 接收的信号功率表示为 $\left| \omega^{\mathrm{H}} h_i \right|^2$，假定用户 i 的最小接收信噪比为 ρ_i，即用户 i 需满足 $\left| \omega^{\mathrm{H}} h_i \right|^2 / N_0 B_0 \geqslant \rho_i$，其中，$B_0$ 为系统传输带宽。则多播预编码问

题可建模为在所有用户满足信噪比需求的条件下，最小化发射功率，具体表示如下：

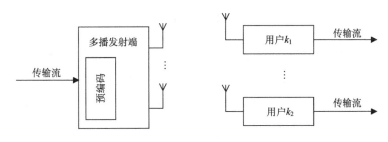

图 2-1　系统框图

$$\min_{\boldsymbol{\omega}\in\mathbb{C}^N}\|\boldsymbol{\omega}\|^2 \tag{2-2}$$

$$\text{s.t.} \left|\boldsymbol{\omega}^{\mathrm{H}}\boldsymbol{h}_i\right|^2 / N_0 B_0 \geqslant \rho_i \tag{2-3}$$

后面将该 QoS 保障下的多播功率最小化问题称为 QoS 问题[2]。从另一个角度考虑，在发射端总功率受限的条件下，需研究如何设计预编码矢量以最大化系统的传输速率。对于多播用户 i，传输速率应小于其信道容量，为保证所有多播用户的正确接收，传输速率应由最差用户的信道容量决定。依据香农信息理论，在通信带宽确定的条件下，用户信道容量则取决于接收信噪比。因此，最大化多播发射速率问题可以描述如下：

$$\max_{\boldsymbol{\omega}\in\mathbb{C}^N}\min_{i}\left|\boldsymbol{\omega}^{\mathrm{H}}\boldsymbol{h}_i\right|^2 \tag{2-4}$$

$$\text{s.t.} \|\boldsymbol{\omega}\|^2 \leqslant P \tag{2-5}$$

式中，P 为发射总功率。最大化多播发射速率问题实质上是最大最小公平（max-min fair，MMF）问题。

依据最优化理论，QoS 问题（式(2-2)）和 MMF 问题（式(2-4)）都是二次约束条件下的二次优化问题（QCQP）。由于问题的非凸特性，不能对问题直接求解，只能通过对问题放缩，得到相应的半正定（SDP）问题，然后采用凸优化算法求解 SDP 问题，进而对 SDP 问题的解进行随机化以得到原问题的近似最优解。下面介绍 MMF 问题的求解方法。QoS 问题也可通过同样方法求得。

定义矩阵 $\boldsymbol{X} = \boldsymbol{\omega}\boldsymbol{\omega}^{\mathrm{H}}$，$\boldsymbol{Q}_i = \boldsymbol{h}_i\boldsymbol{h}_i^{\mathrm{H}}$，原 MMF 问题可以转化为

$$\max_{\boldsymbol{X}\in\mathbb{C}^{N\times N}}\min\ \mathrm{trace}(\boldsymbol{X}\boldsymbol{Q}_i) \tag{2-6}$$

$$\mathrm{s.\,t.\ \ trace}(\boldsymbol{X})=P,\quad \boldsymbol{X}\succeq 0 \tag{2-7}$$

$$\mathrm{rank}(\boldsymbol{X})=1 \tag{2-8}$$

式 (2-8) 中 $\boldsymbol{X}$ 秩为 1 的限制条件非凸，因此上述最优化问题仍然不是凸优化问题。从上述最优化问题中去掉 $\boldsymbol{X}$ 秩为 1 的限制条件，将原问题放缩为

$$\max_{\boldsymbol{X}\in\mathbb{C}^{N\times N}}\min\ \mathrm{trace}(\boldsymbol{X}\boldsymbol{Q}_i) \tag{2-9}$$

$$\mathrm{s.\,t.\ \ trace}(\boldsymbol{X})=P,\quad \boldsymbol{X}\succeq 0 \tag{2-10}$$

放缩后的问题是半正定 (SDP) 问题，其中矩阵 $\boldsymbol{X}$ 为半正定矩阵。SDP 问题是凸优化问题，可以通过内点法求解，其求解复杂度为 $O((M+N^2)^{3.5})$。另外，也可以借助半正定问题求解工具求得最优解 $\boldsymbol{X}_{\mathrm{opt}}$，如 SeDuMi。由于限制条件的放缩，SDP 问题 (2-9) 的最优解 $\boldsymbol{X}_{\mathrm{opt}}$ 未必是原问题 (2-6) 的解。当 $\boldsymbol{X}_{\mathrm{opt}}$ 秩为 1 时，$\boldsymbol{X}_{\mathrm{opt}}$ 同样是原问题 (2-6) 的解，此时最优预编码矢量 $\boldsymbol{\omega}$ 为 $\boldsymbol{X}_{\mathrm{opt}}$ 的主特征值。否则，$\boldsymbol{X}_{\mathrm{opt}}$ 秩不为 1 时，则通过随机化的方式求得最优预编码矢量。随机化过程中，通过 $\boldsymbol{X}_{\mathrm{opt}}$ 产生 R 个随机候选向量 $\{\tilde{\boldsymbol{\omega}}_i\}_{i=1}^R$，从中选出最优的预编码矢量，选取的准则如下：

$$\boldsymbol{\omega}=\arg\max_{\boldsymbol{\omega}\in\{\tilde{\boldsymbol{\omega}}_i\}_{i=1}^R}\min_i\left|\boldsymbol{\omega}^{\mathrm{H}}\boldsymbol{h}_i\right|^2 \tag{2-11}$$

产生 R 个随机数 $\{\tilde{\boldsymbol{\omega}}_i\}_{i=1}^R$ 的方法如下：首先对求得的 $\boldsymbol{X}_k^{\mathrm{opt}}$ 进行特征值分解 $\boldsymbol{X}_{\mathrm{opt}}=\boldsymbol{U}\boldsymbol{\Sigma}\boldsymbol{U}^{\mathrm{H}}$，然后选取在复平面单位圆上平均分布的矢量 $\boldsymbol{e}_i$，$\tilde{\boldsymbol{\omega}}_i=\boldsymbol{U}\boldsymbol{\Sigma}^{1/2}\boldsymbol{e}_i$。

2.2.2　多组多播场景

当多播系统中存在多个多播组时 ($G>1$)，发射端通过相同的频率同时向所有多播用户发送多个数据流，每个多播组中用户接收相同的数据，将其他多播数据流视为干扰。如图 2-2 所示，多播系统由一个信源和 M 个多播用户构成。信源有 N 根天线，多播用户均只有一根天线。每个多播用户和信源之间的信道状态由用户进行信道估计，并将信道状态信息反馈给信源。M 个信宿归属于 G 个多播组，其中 $1\leqslant G\leqslant M$。$\mathfrak{g}_k$ 表示多播组 k 的用户集合。当 $G=1$ 时，多播系统中只包括一个多播组，多组多播退化为单组多播。$G=M$ 时，每个用户接收各不相同的数据，多播系统退化为多用户系统。

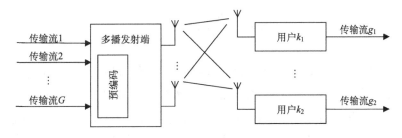

图 2-2　多组多播系统框图

多组多播中，多个多播组之间的数据流通过空间复用的方式传输，每一个多播组对其他多播组的数据流造成组间干扰。因此在多组多播系统中，多播用户端除了信道噪声，还会受到其他数据流的干扰。

h_i 表示用户 i 和发射端之间的 $N \times 1$ 维信道信息，令 $s_k(t)$ 为 t 时刻多播组 k 待发送的数据，ω_l 是多播组 l 的 $N \times 1$ 维预编码矢量。假设接收端能够通过信道估计获得精确信道信息。

假定用户 i 是多播组 k 中的一个用户，用户 i 所接收到的信号可表示为

$$y_i = h_i \sum_{l=1}^{G} \omega_l^{\mathrm{H}} s_k(t) + n_i(t) = h_i \omega_k^{\mathrm{H}} s_k(t) + h_i \sum_{l=1,l \neq k}^{G} \omega_l^{\mathrm{H}} s_l(t) + n_i(t) \qquad (2\text{-}12)$$

式中，第二个等号右侧第一项为用户 i 所接收到的有用信号，第二项为其他多播组对用户 i 造成的数据干扰，第三项为加性信道噪声。

假设噪声为零均值单位方差的高斯白噪声。在发射端能得到理想信道信息的情况下，接收端的接收信干噪比由式 (2-12) 可得。用户 i 的接收信干噪比表示为

$$\gamma_i = \frac{\left| \omega_k^{\mathrm{H}} h_i \right|^2}{\sum_{l \neq k} \left| \omega_k^{\mathrm{H}} h_i \right|^2 + \sigma_i^2} \qquad (2\text{-}13)$$

多组多播预编码问题可以表述如下：针对每个多播组选取合适的预编码矢量，使得所有多播用户中的最差用户的信干噪比最大[3-5]。此处，最差用户的选取方式如下：从每个多播组中信干噪比最小的用户的集合中，再选择信干噪比最小的用户。多组多播预编码的最优化问题表述如下：

$$\max_{\{\omega_k \in \mathbb{C}^N\}_{k=1}^G} \ \min_{k \in \{1,\cdots,G\}} \ \min_{i \in \mathfrak{g}_k} \frac{\left| \omega_k^{\mathrm{H}} h_i \right|^2}{\sum_{l \neq k} \left| \omega_k^{\mathrm{H}} h_i \right|^2 + \sigma_i^2} \qquad (2\text{-}14)$$

$$\text{s.t.} \quad \sum_{k=1}^{G} \left\| \boldsymbol{\omega}_k \right\|_2^2 \leqslant P \tag{2-15}$$

限制条件(2-15)表示发射端所有多播数据流总的发射功率约束。针对多组多播预编码问题，通过半正定-随机化的方式来求解。多组多播预编码问题(2-14)是 NP-hard 问题，通过限制条件的放缩能够转化为一个半正定(SDP)问题。首先定义矩阵 $\{\boldsymbol{X}_k = \boldsymbol{\omega}_k \boldsymbol{\omega}_k^{\mathrm{H}}\}_{k=1}^{G}$，$\{\boldsymbol{Q}_i = \boldsymbol{h}_i \boldsymbol{h}_i^{\mathrm{H}}\}$，用户 i 所接收到的信号功率可表示为 $\left| \boldsymbol{\omega}_k^{\mathrm{H}} \boldsymbol{h}_i \right|^2 = \mathrm{trace}(\boldsymbol{Q}_i \boldsymbol{X}_k)$。多组多播预编码问题可转化为

$$\max_{\{\boldsymbol{X}_k \in \mathbb{C}^{N \times N}\}_{k=1}^{G}, t \in \mathbb{R}} t \tag{2-16}$$

$$\text{s.t.} \quad t(\sum_{l \neq k} \mathrm{tr}(\boldsymbol{Q}_i \boldsymbol{X}_l) + \sigma_i^2) - \mathrm{trace}(\boldsymbol{Q}_i \boldsymbol{X}_k) \leqslant 0, \quad \forall i \in \mathfrak{g}_k, \forall k, l \in \{1, \cdots, G\} \tag{2-17}$$

$$\sum_{k=1}^{G} \mathrm{trace}(\boldsymbol{X}_k) = P \tag{2-18}$$

$$\boldsymbol{X}_k \succeq 0, \quad \mathrm{rank}(\boldsymbol{X}_k) = 1, \quad \forall k \in \{1, \cdots, G\} \tag{2-19}$$

由于式(2-19)中 $\boldsymbol{X}_k$ 秩为 1 约束非凸，因此最优化问题(2-16)仍然不是凸优化问题。去掉式(2-19)中 $\boldsymbol{X}_k$ 秩为 1 的限制条件，将问题(2-16)转化为半正定问题，其中矩阵 $\boldsymbol{X}_k$ 为半正定矩阵。转化后的半正定问题表示如下：

$$\max_{\{\boldsymbol{X}_k \in \mathbb{C}^{N \times N}\}_{k=1}^{G}, t \in \mathbb{R}} t \tag{2-20}$$

$$\text{s.t.} \quad t(\sum_{l \neq k} \mathrm{tr}(\boldsymbol{Q}_i \boldsymbol{X}_l) + \sigma_i^2) - \mathrm{trace}(\boldsymbol{Q}_i \boldsymbol{X}_k) \leqslant 0, \quad \forall i \in \mathfrak{g}_k, \forall k, l \in \{1, \cdots, G\} \tag{2-21}$$

$$\sum_{k=1}^{G} \mathrm{trace}(\boldsymbol{X}_k) = P \tag{2-22}$$

$$\boldsymbol{X}_k \succeq 0, \quad \forall k \in \{1, \cdots, G\} \tag{2-23}$$

通过求解所得到的半正定问题(2-20)，可以得到 G 个半正定矩阵 $\boldsymbol{X}_k^{\mathrm{opt}}$(对应于 G 个多播组的预编码矢量)。如果 $\mathrm{rank}(\boldsymbol{X}_k^{\mathrm{opt}}) = 1$，则可通过求解主特征向量的方式得到对应的预编码矢量。否则，通过随机化的方式得到预编码矢量。随机化过程中，通过 $\boldsymbol{X}_k^{\mathrm{opt}}$ 产生 R 个随机候选向量 $\{\tilde{\boldsymbol{\omega}}_i\}_{i=1}^{R}$，从中选出最优的预编码矢量。

$$\boldsymbol{\omega}_k = \arg \max_{\boldsymbol{\omega}_k \in \{\tilde{\boldsymbol{\omega}}_i\}_{i=1}^R} \min_{k \in \{1,\cdots,G\}} \min_{i \in \mathfrak{g}_k} \frac{\left|\boldsymbol{\omega}_k^{\mathrm{H}} \boldsymbol{h}_i\right|^2}{\sum_{l \neq k} \left|\boldsymbol{\omega}_k^{\mathrm{H}} \boldsymbol{h}_i\right|^2 + \sigma_i^2} \tag{2-24}$$

R 个随机数 $\{\tilde{\boldsymbol{\omega}}_i\}_{i=1}^R$ 的产生方法采用与单组多播预编码中相同的方式。

2.3　有限反馈预编码问题

由于多播系统中包含多个多播用户，预编码矢量的计算需要所有多播用户的信道信息，而信道信息的反馈开销随着用户数的增加线性增长，因此多播传输过程中获得所有用户的全部信道信息是较为困难的，有必要研究多播系统中的有限反馈技术，以促进多播技术实用化。本节研究有限反馈条件下多组多播预编码技术。考虑如图 2-2 的多组多播系统，用户 i 所能接收的信号为(用户 i 属于多播组 k)：

$$y_i = \boldsymbol{h}_i \sum_{l=1}^G \boldsymbol{\omega}_l^{\mathrm{H}} s_k(t) + n_i(t) = \boldsymbol{h}_i \boldsymbol{\omega}_k^{\mathrm{H}} s_k(t) + \boldsymbol{h}_i \sum_{l=1, l \neq k}^G \boldsymbol{\omega}_l^{\mathrm{H}} s_l(t) + n_i(t) \tag{2-25}$$

式中，$\boldsymbol{\omega}_k$ 是第 k 个多播组的预编码矢量。第二个等号右侧第一项为用户 i 所接收到的有用信号，第二项为其他多播组对用户 i 造成的干扰，第三项为噪声。

假设噪声为零均值单位方差的高斯白噪声。用户 i 属于组 k，在发射端能得到理想信道信息的情况下，用户 i 的接收信干噪比可表示为

$$\gamma_i = \frac{\left|\boldsymbol{\omega}_k^{\mathrm{H}} \boldsymbol{h}_i\right|^2}{\sum_{l \neq k} \left|\boldsymbol{\omega}_k^{\mathrm{H}} \boldsymbol{h}_i\right|^2 + \sigma_i^2} \tag{2-26}$$

公式 (2-26) 计算接收端信干噪比时假设发射端完全已知所有接收用户的信道矢量 $\{\boldsymbol{h}_i\}_{i=1}^M$。在实际无线广播组播系统中，接收端无法获得用户的全部信道信息。这种情况下，只能通过有限反馈方式获得信道信息的一个量化值。此时，发射端对用户 i 的接收信干噪比的估计为

$$\widehat{\gamma}_i = \frac{\left|\boldsymbol{\omega}_k^{\mathrm{H}} \widehat{\boldsymbol{h}}_i\right|^2}{\sum_{l \neq k} \left|\boldsymbol{\omega}_k^{\mathrm{H}} \widehat{\boldsymbol{h}}_i\right|^2 + \sigma_i^2} \tag{2-27}$$

式中，$\widehat{\boldsymbol{h}_i}$ 是用户 i 对它和信源之间的信道的估计值的量化。

由香农信息理论可知，为保证接收端的无差错译码，通信系统最大传输速率应不大于无线信道的信道容量。多播系统为保证组内所有多播用户的正确接收，多播组 k 中的最大传输速率应不大于组内最差用户的信道容量。而多组多播系统中某用户信道容量是该用户接收信干噪比的函数。因此多组多播系统中发射端可以通过预编码的方式来提高最差用户的信干噪比。

多组多播系统中预编码问题可表示为一个最大最小公平问题，在总发射功率受限的条件下针对每个多播组选取合适的预编码矢量，使得所有多播系统中的最差用户的信干噪比最大。此处，最差用户的选取方式如下：从每个多播组中选取该组中信干噪比最小的用户，然后从所有组信干噪比最小用户的集合中继续选择信干噪比最小的用户。多组多播预编码的最优化问题表述如下：

$$\max_{\{\boldsymbol{\omega}_k \in \mathbb{C}^N\}_{k=1}^G} \min_{k \in \{1, \cdots, G\}} \min_{i \in \mathfrak{g}_k} \frac{\left|\boldsymbol{\omega}_k^H \widehat{\boldsymbol{h}_i}\right|^2}{\sum_{l \neq k} \left|\boldsymbol{\omega}_k^H \widehat{\boldsymbol{h}_i}\right|^2 + \sigma_i^2} \tag{2-28}$$

$$\text{s.t.} \quad \sum_{k=1}^G \|\boldsymbol{\omega}_k\|_2^2 \leqslant P \tag{2-29}$$

多组多播预编码与单组多播不同，多组多播系统接收用户端除了受信道噪声的影响，还存在其他用户组的数据干扰。因此多组多播问题可以抽象为在发射功率受限的条件下，最大化所有用户中最小的信干噪比。其对偶问题是在所有用户的信干噪比满足 QoS 需求的情况下最小化发射功率。

多组多播条件下，在计算信干噪比时，其他组用户的信号对于本组用户接收时作为干扰信号。单组多播时，提高发射功率必然相应地增大接收端的信噪比，但是多组多播情况下，在各组预编码矢量确定后，本组用户发射功率增加时，其他组用户的发射功率同时增加。因此多组多播系统中，在发射端增加发射功率并不能使接收信干噪比等比例增加，随着发射功率的增加，信干噪比趋近于一个定值。

2.4　有限反馈预编码机制

2.4.1　有限反馈策略

在实际系统中，由于用户无法反馈完全信道信息，只能反馈信道信息的一个量化。而在多天线系统中用户信道信息是一个向量，因此可以表示为一个实数的幅度和一个单位向量的乘积，其中幅度表示信道质量信息（channel quality information，CQI），单位向量表示信道方向信息（channel direction information，CDI）。由于向量的表示需要更多的信息比特，因此在本节有限反馈方案中，多播用户将 CDI 量化后反馈，将 CQI 直接反馈。假设反馈信道是无时延和无误差的。在本节中推导接收端如何通过量化 CDI 及 CQI 得到信道信息的估计。

在用户端，CDI 信道估计 $\hat{\boldsymbol{h}}_k$ 可通过以下准则选取：

$$\hat{\boldsymbol{h}}_k = \arg \max_{a \in \mathfrak{A}} \left| \tilde{\boldsymbol{h}}_k a^* \right|^2 \tag{2-30}$$

式中，$\mathfrak{A}$ 是反馈码本，码本在发射端和多播用户端均为已知；$\tilde{\boldsymbol{h}}_k$ 为归一化的信道信息（CDI）。

$$h_k = \left\| \boldsymbol{h}_k \right\| \cdot \tilde{\boldsymbol{h}}_k \tag{2-31}$$

式中，$\left\| \boldsymbol{h}_k \right\|$ 表示信道幅度信息（CQI）。

归一化信道信息 CDI、CDI 信道估计 $\hat{\boldsymbol{h}}_k$ 和预编码矢量 $\boldsymbol{\omega}$ 的关系如图 2-3 所示。此处三个向量均在二维空间中展示，在实际系统中三个向量均为 N 维向量，其中 N 为多播系统发射端天线数。通过图 2-3 可以看出，选择 $\hat{\boldsymbol{h}}_k$ 等价于最小化 $\hat{\boldsymbol{h}}_k$ 和 $\tilde{\boldsymbol{h}}_k$ 的欧几里得距离。并且，预编码矢量 $\boldsymbol{\omega}$ 和信道估计矢量 $\hat{\boldsymbol{h}}_k$ 之间的夹角 ϕ_k 和内积 $\left| \hat{\boldsymbol{h}}_k^{\mathrm{T}} \boldsymbol{\omega}^* \right|^2$ 满足以下关系：

$$\left| \hat{\boldsymbol{h}}_k^{\mathrm{T}} \boldsymbol{\omega}^* \right|^2 = \cos^2 \phi_k \tag{2-32}$$

式中，$0 \leqslant \phi_k \leqslant \pi/2$。同样，信道估计矢量 $\hat{\boldsymbol{h}}_k$ 和信道归一化矢量 $\tilde{\boldsymbol{h}}_i$（CDI）之间的夹角 θ_k 与两向量间的内积 $\left| \tilde{\boldsymbol{h}}_k^{\mathrm{T}} \hat{\boldsymbol{h}}_k^* \right|^2$ 满足以下关系：

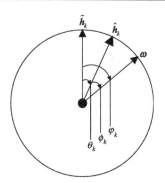

图 2-3　信道量化模型

$$\left| \tilde{\boldsymbol{h}}_k^{\mathrm{T}} \hat{\boldsymbol{h}}_k^* \right|^2 = \cos^2 \theta_k \tag{2-33}$$

式中，$0 \leqslant \theta_k \leqslant \pi/2$。

同样 $\left| \tilde{\boldsymbol{h}}_k^{\mathrm{T}} \boldsymbol{\omega}^* \right|^2 = \cos^2 \varphi_k$。下面通过 ϕ_k、θ_k 和 φ_k 三个角度之间的关系来分析 $\boldsymbol{\omega}$、$\hat{\boldsymbol{h}}_k$ 和 $\tilde{\boldsymbol{h}}_k$ 三个向量之间的关系。

在 N 维空间中，图 2-3 中的 ϕ_k、θ_k 和 φ_k 三个夹角之间满足以下关系：

$$\left| \phi_k - \theta_k \right| \leqslant \varphi_k \leqslant \phi_k + \theta_k \tag{2-34}$$

因此，可以得到不等式 (2-35)：

$$\cos^2(\phi_k + \theta_k) \leqslant \cos^2 \varphi_k \leqslant \cos^2(\phi_k - \theta_k) \tag{2-35}$$

$$\phi_k + \theta_k \leqslant \frac{\pi}{2} \tag{2-36}$$

由式 (2-33) 可知，归一化信道 $\tilde{\boldsymbol{h}}_k$ 和预编码矢量 $\boldsymbol{\omega}$ 的内积满足以下关系：

$$\left| \tilde{\boldsymbol{h}}_k \boldsymbol{\omega}^* \right|^2 \geqslant \begin{cases} \cos^2(\phi_k + \theta_k), & 0 \leqslant \phi_k \leqslant \dfrac{\pi}{2} - \theta_k \\ 0, & \dfrac{\pi}{2} - \theta_k < \phi_k \leqslant \dfrac{\pi}{2} \end{cases} \tag{2-37}$$

将式 (2-32) 代入式 (2-37)，可得 $\boldsymbol{\omega}$、$\hat{\boldsymbol{h}}_k$ 和 $\tilde{\boldsymbol{h}}_k$ 之间的关系满足以下不等式：

$$\left| \tilde{\boldsymbol{h}}_k \boldsymbol{\omega}^* \right|^2 \geqslant \frac{\cos^2(\phi_k + \theta_k)}{\cos^2 \phi_k} \left| \hat{\boldsymbol{h}}_k^{\mathrm{T}} \boldsymbol{\omega}^* \right|^2 \tag{2-38}$$

式中，$0 \leqslant \phi_k \leqslant \dfrac{\pi}{2} - \theta_k$。

同理，从式 (2-35) 的左侧不等式出发，可以得出 $\left|\tilde{h}_k\boldsymbol{\omega}^*\right|^2$ 的上界

$$\left|\tilde{h}_k\boldsymbol{\omega}^*\right|^2 \leqslant \begin{cases} \cos^2(\phi_k - \theta_k), & 0 \leqslant \phi_k \leqslant \dfrac{\pi}{2} - \theta_k \\[2mm] 0, & \dfrac{\pi}{2} - \theta_k < \phi_k \leqslant \dfrac{\pi}{2} \end{cases} \tag{2-39}$$

将式 (2-32) 代入式 (2-39)，可得

$$\left|\tilde{h}_k\boldsymbol{\omega}^*\right|^2 \leqslant \frac{\cos^2(\phi_k - \theta_k)}{\cos^2\phi_k}\left|\hat{h}_k\boldsymbol{\omega}^*\right|^2 \tag{2-40}$$

式中，$0 \leqslant \phi_k \leqslant \dfrac{\pi}{2} - \theta_k$。

结合式 (2-38) 和式 (2-40)，可得

$$\frac{\cos^2(\phi_k + \theta_s)}{\cos^2\phi_k}\left|\hat{h}_k^{\mathrm{T}}\boldsymbol{\omega}^*\right|^2 \leqslant \left|\tilde{h}_k\boldsymbol{\omega}^*\right|^2 \leqslant \frac{\cos^2(\phi_k - \theta_k)}{\cos^2\phi_k}\left|\hat{h}_k\boldsymbol{\omega}^*\right|^2 \tag{2-41}$$

因此，可以得到 $\left|\tilde{h}_k\boldsymbol{\omega}^*\right|^2$ 期望的上界和下界：

$$\eta_1\left|\hat{h}_k^{\mathrm{T}}\boldsymbol{\omega}^*\right|^2 \leqslant E\left[\left|\tilde{h}_k^{\mathrm{T}}\boldsymbol{\omega}^*\right|^2 \Big| \hat{h}_k\right] \leqslant \eta_2\left|\hat{h}_k^{\mathrm{T}}\boldsymbol{\omega}^*\right|^2 \tag{2-42}$$

式中，$\eta_1 = \dfrac{1}{\pi/2}\displaystyle\int_0^{\frac{\pi}{2}-\theta_k}\frac{\cos^2(\phi_k+\theta_k)}{\cos^2\phi_k}\mathrm{d}\phi_k = \left(1-\dfrac{2}{\pi}\theta_k\right)\cos(2\theta_k) + \dfrac{2}{\pi}\sin(2\theta_k)\left\{\ln[\sin(\theta_k)] + \dfrac{1}{2}\right\}$，

$\eta_2 = \dfrac{1}{\pi/2}\displaystyle\int_0^{\frac{\pi}{2}-\theta_k}\frac{\cos^2(\phi_k-\theta_k)}{\cos^2\phi_k}\mathrm{d}\phi_k = \left(1-\dfrac{2}{\pi}\theta_k\right)\cos(2\theta_k) + \dfrac{2}{\pi}\sin(2\theta_k)\left\{\dfrac{1}{2} - \ln[\sin(\theta_k)]\right\}$。

θ_k 为归一化信道矢量 $\tilde{h}_k$ 和信道估计矢量 $\hat{h}_k$ 之间的夹角，因此随着反馈比特数的增加，θ_k 趋向于零。由 η_1 和 η_2 的定义可知，随着反馈比特数的增加，η_1 和 η_2 之间的差趋于无限小。在式 (2-42) 的两端同时乘以信道质量信息 (CQI) $|h_k|$

$$\eta_1|h_k|\left|\hat{h}_k^{\mathrm{T}}\boldsymbol{\omega}^*\right|^2 \leqslant E\left[\left|h_k^{\mathrm{T}}\boldsymbol{\omega}^*\right|^2 \Big| \hat{h}_k\right] \leqslant \eta_2|h_k|\left|\hat{h}_k^{\mathrm{T}}\boldsymbol{\omega}^*\right|^2 \tag{2-43}$$

在求解基于有限反馈的波束成形问题 (2-28) 时，为了降低反馈误差，定义信道矢量估计为

$$\widehat{h_k} = \sqrt{\eta}\,|h_k| \cdot \hat{h}_k \tag{2-44}$$

式中，$\eta = \sqrt{\eta_1\eta_2}$。接收端接收到用户 k 的归一化信道矢量 (CDI) 估计 $\hat{h}_k$ 和信道质

量信息(CQI) $|h_k|$，通过式(2-43)得到用户信道估计 $\widehat{h}_k$，进而得到有限反馈条件下多组多播波束成形的最优化问题(2-28)。

码本 $\mathfrak{A}$ 中含有 B 个码字，每个码字表示一个归一化信道状态的量化值。多播用户通过估计信道状态信息，从码本中选择最优的码字，然后将反馈码字的索引返回发射端。一个包含 B 个码字的码本，反馈索引时需 $b = \log_2 B$ 比特反馈开销。接收用户向发射端反馈 CDI 量化值 $\hat{h}_k$，信道增益(CQI)直接反馈。发射端接收到所有用户的信道状态反馈后，通过求解最优化问题(2-28)得到针对每个多播组最优的预编码矢量。

2.4.2 有限反馈预编码求解

多组多播预编码问题(2-28)是 NP-hard 问题，可通过半正定-随机化的方式来求解该预编码问题。通过限制条件的放缩将多组多播预编码问题转化为半正定(SDP)问题。定义矩阵 $\{X_k = \boldsymbol{\omega}_k \boldsymbol{\omega}_k^H\}_{k=1}^G$，$\{\widehat{Q}_i = \widehat{h}_i \widehat{h}_i^H\}$。不失一般性，假定用户 i 属于用户组 k，用户 i 所接收到的信号功率可表示为 $\left|\boldsymbol{\omega}_k^H \widehat{h}_i\right|^2 = \mathrm{trace}(\widehat{Q}_i X_k)$。预编码问题(2-28)可转化为

$$\max_{\{X_k \in \mathbb{C}^{N \times N}\}_{k=1}^G, t \in \mathbb{R}} \frac{\mathrm{trace}(\widehat{Q}_i X_k)}{\sum_{l \neq k} \mathrm{trace}(\widehat{Q}_i X_l) + \sigma_i^2} \tag{2-45}$$

$$\text{s.t.} \quad \sum_{k=1}^G \mathrm{trace}(X_k) \leqslant P \tag{2-46}$$

$$X_k \succeq 0, \quad \mathrm{rank}(X_k) = 1, \quad \forall k \in \{1, \cdots, G\} \tag{2-47}$$

显然，式(2-45)问题的最大值应在功率限制(2-46)取等号时达到，引入辅助变量 t 后，最优化问题(2-28)可变形为

$$\max_{\{X_k \in \mathbb{C}^{N \times N}\}_{k=1}^G, t \in \mathbb{R}} t \tag{2-48}$$

$$\text{s.t.} \quad t\left(\sum_{l \neq k} \mathrm{trace}(\widehat{Q}_i X_l) + \sigma_i^2\right) - \mathrm{trace}(\widehat{Q}_i X_k) \leqslant 0, \quad \forall i \in \mathfrak{g}_k, \forall k, l \in \{1, \cdots, G\} \tag{2-49}$$

$$\sum_{k=1}^G \mathrm{trace}(X_k) = P \tag{2-50}$$

$$\boldsymbol{X}_k \succeq 0, \ \text{rank}(\boldsymbol{X}_k) = 1, \quad \forall k \in \{1, \cdots, G\} \tag{2-51}$$

式中，$\{\widehat{\boldsymbol{Q}}_i = \widehat{\boldsymbol{h}}_i \widehat{\boldsymbol{h}}_i^{\mathrm{H}}\}$，$\{\boldsymbol{X}_k = \boldsymbol{\omega}_k \boldsymbol{\omega}_k^{\mathrm{H}}\}_{k=1}^{G}$，$\left|\boldsymbol{\omega}_k^{\mathrm{H}} \widehat{\boldsymbol{h}}_i\right|^2 = \text{trace}(\widehat{\boldsymbol{Q}}_i \boldsymbol{X}_k)$。

由于式(2-51)中 $\boldsymbol{X}_k$ 秩为 1 约束非凸，因此上述最优化问题(2-48)仍然不是凸优化问题。去掉 $\boldsymbol{X}_k$ 秩为 1 的限制条件，问题可以转化为半正定(SDP)问题，矩阵 $\boldsymbol{X}_k$ 为半正定矩阵。

$$\max_{\{\boldsymbol{X}_k \in \mathbb{C}^{N \times N}\}_{k=1}^{G}, t \in \mathbb{R}} t \tag{2-52}$$

$$\text{s.t.} \ \ t\Big(\sum_{l \neq k} \text{trace}(\widehat{\boldsymbol{Q}}_i \boldsymbol{X}_l) + \sigma_i^2\Big) - \text{trace}(\widehat{\boldsymbol{Q}}_i \boldsymbol{X}_k) \leqslant 0, \quad \forall i \in \mathfrak{g}_k, \forall k, l \in \{1, \cdots, G\} \tag{2-53}$$

$$\sum_{k=1}^{G} \text{trace}(\boldsymbol{X}_k) = P \tag{2-54}$$

$$\boldsymbol{X}_k \succeq 0 \ , \quad \forall k \in \{1, \cdots, G\} \tag{2-55}$$

对放缩后的 SDP 问题，可以通过内点法等凸优化方法求解，也可以使用一些最优化工具求解 SDP 问题，如 SeDuMi 等。由于对原问题(2-48)的约束条件的放缩，SDP 问题(2-53)的解未必是原问题的解。如果 SDP 问题(2-53)的解符合原问题的限制条件，则 SDP 问题的解同样是原问题的解。否则，当 SDP 问题的解不符合原问题的限制条件时，SDP 问题的解不是原问题的解。当 SDP 问题的解不是原问题的解时，通过对 SDP 问题的解进行随机化处理，可得到原问题的近似解。

通过求解所得到的 SDP 问题，可以得到 G 个半正定矩阵 $\boldsymbol{X}_k^{\text{opt}}$（对应于 G 个多播组的预编码矢量）。由于原问题(2-48)通过限制条件放缩得到 SDP 问题(2-53)，如果 $\text{rank}(\boldsymbol{X}_k^{\text{opt}}) = 1$，则 $\boldsymbol{X}_k^{\text{opt}}$ 是原问题(2-48)的解，此时可通过主特征向量的方式得到对应的预编码矢量。否则，采用随机化的方式得到预编码矢量。随机化过程中，通过 $\boldsymbol{X}_k^{\text{opt}}$ 产生 R 个随机候选向量 $\{\tilde{\boldsymbol{\omega}}_i\}_{i=1}^{R}$，从中选出最优的预编码矢量。

$$\boldsymbol{\omega}_k = \arg \max_{\boldsymbol{\omega}_k \in \{\tilde{\boldsymbol{\omega}}_i\}_{i=1}^{R}} \min_{k \in \{1, \cdots, G\}} \min_{i \in \mathfrak{g}_k} \frac{\left|\boldsymbol{\omega}_k^{\mathrm{H}} \widehat{\boldsymbol{h}}_i\right|^2}{\sum_{l \neq k} \left|\boldsymbol{\omega}_k^{\mathrm{H}} \widehat{\boldsymbol{h}}_i\right|^2 + \sigma_i^2} \tag{2-56}$$

产生 R 个随机数 $\{\tilde{\boldsymbol{\omega}}_i\}_{i=1}^{R}$ 的方法如下：首先对求得的 $\boldsymbol{X}_k^{\text{opt}}$ 进行特征值分解 $\boldsymbol{X}_k^{\text{opt}} = \boldsymbol{U}\boldsymbol{\Sigma}\boldsymbol{U}^{\mathrm{H}}$，然后选取在复平面的单位圆上平均分布的矢量 $\boldsymbol{e}_i$，$\tilde{\boldsymbol{\omega}}_i = \boldsymbol{U}\boldsymbol{\Sigma}^{1/2}\boldsymbol{e}_i$。这种随机化方法能够保证所得到的 $\boldsymbol{\omega}_k$ 满足 $\boldsymbol{\omega}_k^{\mathrm{H}}\boldsymbol{\omega}_k = \text{trace}(\boldsymbol{X}_k^{\text{opt}})$。

显然，产生的随机数越多，从中选出的预编码矢量越接近于最优解。

2.5　仿真结果及分析

本节通过蒙特卡罗仿真，验证 2.4 节中有限反馈的预编码算法的有效性。在仿真过程中，考虑一个包含两个多播组的多播系统，每个多播组包含相同个数的用户，发射端配置 4 根天线，多播用户配置单天线。文献[3]中研究了理想信道状态信息下多组多播预编码问题，本节仿真过程对理想信道状态信息和有限反馈场景下的预编码算法进行了性能比较。

图 2-4 仿真了接收端获得理想信道状态信息和有限反馈条件下(反馈比特数 b=8、16)不同用户数时多组多播的最差用户的信干噪比。由图 2-4 可以看出，随着用户个数的增加，由于发射端需要匹配更多无线信道，因此系统最小信干噪比降低。且有限反馈状态下多播系统性能差于全反馈条件下的系统性能，更多的反馈比特能够降低对于信道信息的量化误差，提高系统性能。

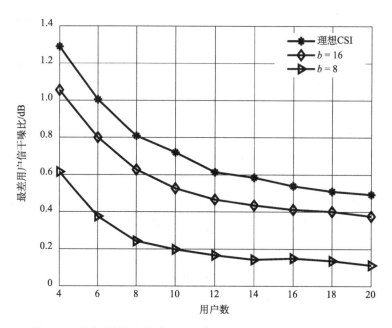

图 2-4　不同反馈比特数时最小接收信干噪比随用户数增加的变化

图 2-5 仿真了不同反馈比特数时多组多播中最差用户的信干噪比以及理想信道条件下的最差用户信干噪比[3]。图中 b 为反馈比特数，当反馈比特数增加时，

信道增益的量化误差降低,采用预编码算法后所得到的最差用户的信干噪比增加。随着反馈比特数的增加，最差用户的信干噪比趋近于理想状态信息的系统性能。当多播组中用户个数增加时，最差用户的信干噪比减小。

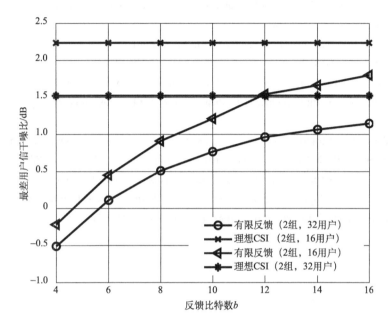

图 2-5　不同用户数时最小信干噪比和反馈比特数关系

2.6　本 章 小 结

本章主要讨论了基于有限反馈的预编码问题，针对多播系统中反馈问题提出有限反馈策略以及在此策略下多播系统预编码问题。通过本章的理论研究和仿真评估，可以得到如下的重要结论：相比理想信道状态下的预编码，有限反馈下多播系统中的预编码性能变差。随着反馈比特数的增加，有限反馈系统的性能逐渐向理想情况下的预编码性能逼近。随着多播组中用户数的增加，系统所能达到的传输速率逐渐降低，在提高频谱利用率的同时降低了多播用户的性能。

本章研究的预编码问题实质上是多播系统的空域资源分配，第 3 章和第 4 章在本章的基础上考虑多天线多播系统中联合空域、频域和功率的资源分配问题，进一步提高多天线多播系统性能。

参 考 文 献

[1] Lopez M J. Multiplexing, scheduling, and multicasting strategies for antenna arrays in wireless networks. Cambridge, MA: MIT, 2002.

[2] Sidiropoulos N D, Davidson T N, Luo Z Q. Transmit beamforming for physical-layer multicasting. IEEE Transactions on Signal Processing, 2006, 54(6): 2239-2251.

[3] Karipidis E, Sidiropoulos N D, Luo Z Q. Quality of service and max-min fair transmit beamforming to multiple cochannel multicast groups. IEEE Transactions on Signal Processing, 2008, 56(3): 1268-1279.

[4] Karipidis E, Sidiropoulos N D, Luo Z Q. Far-field multicast beamforming for uniform linear antenna arrays. IEEE Transactions on Signal Processing, 2007, 55(10): 4916-4927.

[5] Karipidis E, Sidiropoulos N D, Luo Z Q. Convex transmit beamforming for downlink multicasting to multiple co-channel group. 2006 IEEE International Conference on Acoustics Speech and Signal Processing Proceedings, Toulouse, 2006: 973-976.

第3章　多天线多播系统组间资源分配

多播系统组间资源分配指当多播系统中包含多个多播组时，在不同的多播组之间分配多播空域、频域和功率等资源，通过预编码矢量的选择、子载波分配和功率加载来提高系统性能。同一个多播组内的所有多播用户共享相同的无线资源。本章深入研究了多天线多播系统中的组间资源分配问题，提出两种多天线资源分配算法：最大化吞吐量的多播资源分配算法和基于组间公平的资源分配算法。

3.2 节对包含多个多播组的多天线多播系统进行系统建模，推导出基于 OFDMA 的多播系统吞吐量的表达式。3.3 节首先研究多天线多播系统中最大化多播系统吞吐量的资源分配算法，通过对不同多播组分配空域、频域及功率资源来最大化多播系统吞吐量。问题求解时采用三阶段次优解法来降低运算复杂度，将多播预编码、子载波分配和功率分配分别实现。预编码阶段采用基于第 2 章的预编码算法计算所有多播组在各子载波上的预编码矢量，进而获得所有多播组在各子载波上的吞吐量。子载波分配阶段将各子载波分配给使得该子载波吞吐量最大的多播组。功率分配阶段通过拉格朗日乘子法调节各子载波上的功率进一步提高系统吞吐量。

由于多播组的吞吐量跟组内用户数量相关，因此各多播组用户数不同时最大化吞吐量的资源分配方案中用户数少的用户几乎无法分配到系统资源。针对最大化多播系统吞吐量的资源分配算法中存在的组间公平性问题，本章 3.4 节在考虑多播组间公平性的条件下研究系统资源分配算法，通过为多播组设定最少子载波限制来保证各多播组之间的公平性。为降低运算复杂度，同样把资源分配问题通过三阶段的次优解法求解，将多播预编码、子载波分配和功率分配分别实现，相比最大化吞吐量的资源分配算法，在强调考虑组间公平的同时系统吞吐量降低。

3.1　多天线多组多播资源分配

随着无线网络传输速率的提高，音频/视频、在线会议、网上游戏等移动应用的不断呈现，多播业务引起了人们越来越多的兴趣。多播系统中，发射端将同一组数据采用相同的时频资源发射给多个用户，节省了系统的频谱效率。资源分配通过对系统中子载波和功率的分配，能够有效地提高系统吞吐量。然而，目前无线通信资源分配的研究主要集中在单播系统，多播系统中资源分配研究较少[1-4]。

当多播系统中传输多个多播业务时，每个业务又有多个接收用户。因此多播系统的资源分配包括组间资源分配和组内资源分配。组间资源分配指发射端在多个多播组之间合理分配系统资源以提高系统性能，同一个多播组内多个用户共享资源；组内资源分配指在同一个多播组内的多个用户中合理分配系统资源，同一个时频资源块为多播组内部分信道状态较好的用户服务，通过组内无线资源的分配来提高多播组传输速率及吞吐量[5-8]。本章重点研究多天线多播系统的组间资源分配问题，组内资源分配问题在第 4 章展开研究。

单天线系统中的资源分配包括子载波、功率、比特等资源的分配[5]，资源分配的准则包括最大化系统吞吐量[6]、最大化系统加权吞吐量、最小化中断概率及最小化发射功率[8]等。多天线系统中的资源分配除了子载波和功率的分配，还包括系统空域资源的分配[9]。在多天线多播系统中，预编码技术通过为各天线分配不同的权值，来提高多播组中最差用户的信噪比，从而提高多播组中的传输速率，以实现多天线多播系统中空域的资源分配。同单播系统中的资源分配一样，多播资源分配同样建模为最优化问题，但是最优化问题的优化目标和约束条件同单播中有较大的不同。

多播系统的资源分配问题要考虑多个用户的不同的信道情况。由于多播系统中存在多个用户，多个用户之间信道的差异性造成每个用户可以接收的最大传输速率不同，多播传输的速率受限于这个子载波上信道条件最差用户的速率。因此在多播系统的组间资源分配中，需要基于多播组中最差用户的信道状态进行资源分配。

无线多天线多播系统中的资源分配主要包括空域、频域和功率的分配。同传统的资源分配算法一样，为了降低计算复杂度，多天线系统多播传输的资源分配可以分解为预编码、子载波分配和功率分配三个互相独立的阶段。

预编码阶段，发射端计算各多播组在所有子载波上的预编码矢量。多播系统中，由于多播业务的传输速率取决于最差用户的信道容量，而多播用户的信道容量取决于用户的接收信噪比。因此预编码的目的是最大化多播组中所有用户最小信噪比。预编码矢量可根据最大最小公平准则求得。多播组在各子载波上的预编码矢量求得后，继而求得多播用户在各子载波上的等效信道增益。

子载波分配阶段，假设功率在各子载波上平均分配，将子载波分配给合适的多播组。为避免组间干扰，每个子载波只能分配给一个多播组。同单播系统中的子载波分配不同，在分配子载波过程中，需要考虑的是多播组中在这个子载波上最差用户的信道状态。

多播系统中的功率分配可以通过拉格朗日乘子法完成。这种功率分配算法不同于注水功率分配，每个子载波上注水的高度不同，这是由每个子载波上所分配的多播组中所包含的用户数不同所导致的。当所有多播组包含相同个数的用户时，这种功率分配算法退化为注水功率分配。

3.2　系统场景及建模

考虑一个包含多个多播组的多播场景，如图 3-1 所示，假设系统中包括 K 个用户，分别属于 G 个不同的多播组。发射端具有多天线，天线数为 N，接收用户具有单天线。假定发射端可获知所有用户的完全信道状态信息，预编码、子载波分配和功率分配在发射端以集中式的方式进行，并将分配结果告知多播用户，多播用户根据资源分配结果在特定的子载波上接收多播数据。由于接收用户为单天线，在接收端不需要对接收数据进行任何空时处理。各用户经历独立同分布的准静态瑞利平坦衰落信道，在资源分配期间信道状态保持不变。

假设 $\mathcal{K}_g$ $(g=1,\cdots,G)$ 表示多播组 g 的用户集合。所有用户构成的集合 $\mathcal{K}$ 可表示为 $\mathcal{K} = \mathcal{K}_1 \cup \mathcal{K}_2 \cup \cdots \cup \mathcal{K}_G$。$|\mathcal{K}_g|$ 表示第 g 个多播组中用户的个数。如果 $|\mathcal{K}_g| > 1$，则组 g 为多播业务；如果 $|\mathcal{K}_g| = 1$，则组 g 为单播业务。所有子载波具有相同的带宽 B_0，$B_0 = B/M$，其中 B 为系统总带宽，M 为系统子载波个数。

假设 $\boldsymbol{\omega}_{g,m} \in \mathbb{C}^N$ 表示第 g 个多播组在第 m 个子载波上的预编码矢量。由信息论中的理论可知，用户 k 在子载波 m 上所能接收的最大传输速率为

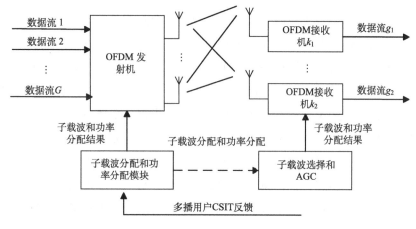

图 3-1 OFDM 多播系统图

$$c_{k,m} = B_0 \log_2 \left(1 + \frac{\left|\boldsymbol{\omega}_{g,m}^{\mathrm{H}} \boldsymbol{h}_{k,m}\right|^2 P_m}{N_0 B_0}\right) \Big/ B, \quad \forall k \in \mathcal{K}_g \tag{3-1}$$

式中，N_0 表示白噪声的单边带功率谱密度；$\boldsymbol{h}_{k,m}$ 表示用户 k 在子载波 m 上的信道矢量；P_m 表示子载波 m 上所加载的功率。由于用户间的信道差异，所以各用户的信道容量各不相同。为保证该子载波上组内所有用户的正确接收，子载波 m 上数据流 g 的最大传输速率取决于该子载波上最差用户的信道容量。因此，数据流 g 在子载波 m 上的传输速率可表示为

$$r_{g,m} = \min_{k \in \mathcal{K}_g} c_{k,m} \tag{3-2}$$

定义多播组 g 在子载波 m 上的等效信道增益等价于该子载波上最差用户的信道增益，表示为

$$\alpha_{g,m} = \min_{k \in \mathcal{K}_g} \left|\boldsymbol{\omega}_{g,m}^{\mathrm{H}} \boldsymbol{h}_{k,m}\right| \tag{3-3}$$

多播传输过程中，多播组 g 中所有用户接收相同的数据传输速率，因此子载波 m 上多播组 g 的数据传输速率可以表示为

$$r_{g,m} = B_0 \log_2 \left(1 + \frac{\alpha_{g,m}^2 P_m}{N_0 B_0}\right) \Big/ B \tag{3-4}$$

定义子载波 m 上多播组 g 的吞吐量为组内所有用户的接收速率之和，由于多

播组 g 在该子载波上具有同样的接收速率，因此该子载波上的吞吐量可由传输速率和接收用户数相乘得到，如式 (3-5) 所示：

$$R_{g,m} = \sum_{k \in \mathcal{K}_g} r_{g,m} = \left| \mathcal{K}_g \right| \cdot r_{g,m} \tag{3-5}$$

定义子载波分配索引 $\rho_{g,m}$ 来表示子载波分配结果。如果子载波 m 被分配给多播组 g，则 $\rho_{g,m}=1$，否则，$\rho_{g,m}=0$。多播组 g 的吞吐量可由分配给该多播组的所有子载波上传输速率求和得到，可表示为

$$R_g = \sum_{m=1}^{M} \rho_{g,m} R_{g,m} = \sum_{m=1}^{M} \rho_{g,m} \left| \mathcal{K}_g \right| \cdot r_{g,m} \tag{3-6}$$

定义 Ω_g 为分配给多播组 g 的子载波集合，多播组 g 的吞吐量也可等效表示为

$$R_g = \sum_{m \in \Omega_g} R_{g,m} \tag{3-7}$$

定义系统吞吐量为所有多播组的吞吐量之和，$C = \sum_{g=1}^{G} R_g$。结合式 (3-3) 和式 (3-4)，系统吞吐量可表示为

$$C = \sum_{g=1}^{G} \sum_{m=1}^{M} \rho_{g,m} \frac{\left| \mathcal{K}_g \right| \cdot B_0}{B} \log_2 \left(1 + \frac{\alpha_{g,m}^2 P_m}{N_0 B_0} \right) \tag{3-8}$$

系统吞吐量可以由各子载波上吞吐量求和等价得到。可以看出，在多播组个数确定及各多播组中用户数确定的情况下，系统吞吐量是子载波分配结果、功率分配结果和子载波上等效信道增益的函数，而子载波上等效信道增益则取决于该子载波上预编码矢量的计算。

3.3　最大化吞吐量的组间资源分配

3.3.1　系统吞吐量最大化问题建模

根据 3.2 节中的系统模型，本节研究多天线多播系统中通过组间资源分配的方式来最大化系统吞吐量。最大化系统吞吐量的多天线资源分配问题就是选择合

适的 $\omega_{g,m}$、 P_m 以及 $\rho_{g,m}$，使得系统的吞吐量最大。多天线多播系统资源分配的问题可以建模为以下的最优化问题：

$$\max_{\omega_{g,m},P_m,\rho_{g,m}} \sum_{g=1}^{G} \sum_{m=1}^{M} \rho_{g,m} \frac{|\mathcal{K}_g| \cdot B_0}{B} \log_2\left(1+\frac{\alpha_{g,m}^2 P_m}{N_0 B_0}\right) \tag{3-9}$$

$$\text{s.t.} \quad \sum_{m=1}^{M} P_m \leqslant P_{\max}, \quad P_m \geqslant 0 \tag{3-10}$$

$$\sum_{g=1}^{G} \rho_{g,m} = 1, \quad m=1,2,\cdots,M \tag{3-11}$$

$$\rho_{g,m} = \{0,1\} \tag{3-12}$$

约束条件(式(3-10))为发射功率限制，式(3-11)表示为避免组间干扰每个子载波只能分配给一个多播组。

3.3.2 最大化吞吐量资源分配算法

最优化问题(式(3-9))中包括离散变量和连续变量，最优解的求得可通过预编码矢量、子载波、功率的联合分配得到，但是联合分配的运算复杂度过高，且多播系统预编码问题已被证明是个 NP-hard 问题[4]。因此，在实际系统中，将子载波和功率独立分配的低复杂度次优算法被广泛采用。这种方式在单播系统中已被证明与联合分配的系统性能接近。基于这种思路，本节提出一种低复杂度的求解算法，将预编码、子载波分配和功率分配分别处理，得到和最优算法相近的性能。

首先，根据最大最小准则求得所有子载波上各多播组的预编码矢量；然后，假定功率在所有子载波上平均分配，根据所求的预编码矢量计算各多播组在各子载波上的吞吐量，继而将子载波分配给该子载波上吞吐量最大的多播组；最后，根据子载波分配结果，调整所有子载波上所加载的功率，进一步提高多播系统吞吐量。

1. 预编码过程

多播系统中,子载波 m 上的传输速率取决于该子载波上最差用户的信道容量。因此多播系统中预编码操作的目的在于最大化多播组用户中最差用户的信噪比,以提高多播传输速率。遵循最大最小准则，多播组 g 在第 m 个子载波上的预编码矢量 $\boldsymbol{\omega}_{g,m}$ 可通过求解以下优化问题得到

$$\boldsymbol{\omega}_{g,m} = \arg\max_{\boldsymbol{\omega}_{g,m} \in \mathbb{C}^N} \min_{i \in \mathcal{K}_g} \left| \boldsymbol{\omega}_{g,m}^{\mathrm{H}} \boldsymbol{h}_{i,m} \right|^2 \tag{3-13}$$

$$\text{s.t.} \quad \left\| \boldsymbol{\omega}_{g,m} \right\|_2^2 = 1 \tag{3-14}$$

定义矩阵 $\boldsymbol{Q}_{i,m} = \boldsymbol{h}_{i,m}\boldsymbol{h}_{i,m}^{\mathrm{H}}$，$\boldsymbol{X}_{g,m} = \boldsymbol{\omega}_{g,m}\boldsymbol{\omega}_{g,m}^{\mathrm{H}}$，将式 (3-13)、式 (3-14) 变形为

$$\boldsymbol{X}_{g,m} = \arg\max_{\boldsymbol{X}_{g,m} \in \mathbb{C}^{N \times N}} \min_{i \in \mathcal{K}_g} \mathrm{trace}(\boldsymbol{X}_{g,m}\boldsymbol{Q}_{i,m}) \tag{3-15}$$

$$\text{s.t.} \quad \mathrm{trace}(\boldsymbol{X}_{g,m}) = 1, \quad \boldsymbol{X}_{g,m} \succeq 0 \tag{3-16}$$

$$\mathrm{rank}(\boldsymbol{X}_{g,m}) = 1 \tag{3-17}$$

式 (3-15) 仍然是个 NP-hard 问题[4]，通过对限制条件式 (3-17) 的放缩，将原问题转化为 SDP 问题，然后将放缩后 SDP 问题的解进行随机化得到原问题的解。具体求解方法在 2.3 节中已进行详细阐述。

预编码阶段需要求解所有多播组在所有子载波上的预编码矢量，因此需要进行 $M \times G$ 次预编码求解。$\boldsymbol{\omega}_{g,m}$ 的值求得后，可以得到多播组 g 在子载波 m 上的等效信道增益 $\alpha_{g,m} = \min_{k \in \mathcal{K}_g} \left| \boldsymbol{\omega}_{g,m}^{\mathrm{H}} \boldsymbol{h}_{k,m} \right|$。

2. 子载波分配

在子载波分配中，为了降低子载波分配算法的复杂度，假定每个子载波上的功率平均分配，$P_m = P_{\max}/M$。此时子载波分配问题 (式 (3-9)) 可以表述如下：

$$\max_{\boldsymbol{\omega}_{g,m}, \rho_{g,m}} \sum_{g=1}^{G} \sum_{m=1}^{M} \rho_{g,m} \frac{|\mathcal{K}_g| \cdot B_0}{B} \log_2\left(1 + \frac{\alpha_{g,m}^2}{N_0 B_0} \frac{P_{\max}}{M}\right) \tag{3-18}$$

$$\text{s.t.} \quad \sum_{g=1}^{G} \rho_{g,m} = 1, \quad m = 1, 2, \cdots, M \tag{3-19}$$

$$\rho_{g,m} = \{0,1\} \tag{3-20}$$

$\boldsymbol{\omega}_{g,m}$ 已在预编码阶段求得，因此问题 (式 (3-18)) 中 $\alpha_{g,m}$ 可计算得到。由于各子载波上的资源分配情况互相独立，最优化问题 (式 (3-18)) 能够分离为 m 个优化问题。因此子载波 m 上的资源分配问题可表示为

$$\max_{\rho_{g,m}} R(m) = \sum_{g=1}^{G} \rho_{g,m} \left| \mathcal{K}_g \right| \cdot B_0 \log_2 \left(1 + \frac{\alpha_{g,m}^2}{N_0 B_0} \frac{P_{\max}}{M} \right) \tag{3-21}$$

$$\text{s.t.} \sum_{g=1}^{G} \rho_{g,m} = 1, \quad m = 1, 2, \cdots, M \tag{3-22}$$

$$\rho_{g,m} = \{0,1\} \tag{3-23}$$

最大化系统吞吐量等价于最大化每个子载波上的吞吐量。为了避免组间干扰，每个子载波只能分配给一个多播组。最大化子载波 m 上的吞吐量等价于将子载波 m 分配给能够使该子载波上吞吐量 $R_{g,m}$ 最大的多播组。

定义 γ 为平均信噪比 $\frac{P_{\max}/M}{N_0 B_0}$，然后定义

$$\eta_{g,m} = (1 + \gamma \alpha_{g,m}^2)^{|\mathcal{K}_g|} = 1 + \left| \mathcal{K}_g \right| \gamma \alpha_{g,m}^2 + \cdots + (\gamma \alpha_{g,m}^2)^{|\mathcal{K}_g|} \tag{3-24}$$

在实际分配过程中，为了降低运算复杂度，可将 $\eta_{g,m}$ 进行比较，将子载波 m 分配给 $\eta_{g,m}$ 最大的多播组。

子载波分配算法的具体步骤描述如下：

基于等功率子载波分配算法

1.初始化

设定 $\Omega_g = \varnothing$，$\rho_{g,m}=0$

2.循环 m=1 to M

a)找到子载波 m 上吞吐量最大的多播组 $g_m^* = \arg\max_g \eta_{g,m}$ $(g=1,\cdots,G)$

b)将子载波 m 添加到 g_m^* 多播组的子载波组中 $\Omega_{g_m^*} = \Omega_{g_m^*} \bigcup \{m\}$

c)设定子载波分配结果 $\rho_{g_m^*,m}=1, \rho_{g \neq g_m^*, m}=0$

子载波分配算法流程如图 3-2 所示。

由于在子载波分配过程中，各子载波上的功率平均分配，称这种资源分配方式为基于等功率子载波分配（equal power-based subcarrier allocation，EPSA）算法。

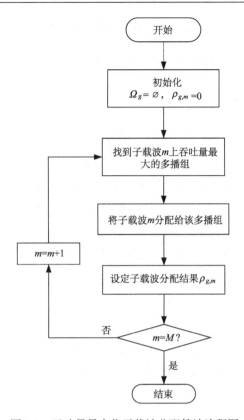

图 3-2　吞吐量最大化子载波分配算法流程图

考虑两个特殊情况：低信噪比场景和高信噪比场景。在式(3-24)中，当 γ 接近于 0 时，γ 的高次项可以忽略。这种情况下，式(3-24)可写为

$$\eta_{g,m} = 1 + \eta_{g,m}^{\mathrm{L}} = 1 + \left|\mathcal{K}_g\right| \gamma \alpha_{g,m}^2 \tag{3-25}$$

低信噪比场景子载波分配时，为了进一步降低复杂度，比较时用 $\eta_{g,m}^{\mathrm{L}}$ 代替 $\eta_{g,m}$，称这种算法为 L-EPSA。

高信噪比场景中，当 γ 相比 $\alpha_{g,m}^2$ 足够大时，$\eta_{g,m}$ 中最高次项 $(\gamma\alpha_{g,m}^2)^{\left|\mathcal{K}_g\right|}$ 占据主要地位。此时，式(3-24)可以近似写为

$$\eta_{g,m} = 1 + \eta_{g,m}^{\mathrm{H}} = 1 + (\gamma\alpha_{g,m}^2)^{\left|\mathcal{K}_g\right|} \tag{3-26}$$

同样，在高信噪比场景中子载波分配时用 $\eta_{g,m}^{\mathrm{H}}$ 代替 $\eta_{g,m}$，称这种算法为 H-EPSA。

当 $\left|\mathcal{K}_g\right| = 1$ 时，多播系统退化为传统的单播系统。这种情况下

$$\eta_{g,m} = 1 + \gamma \alpha_{g,m}^2 = 1 + \eta_{g,m}^{\mathrm{H}} = 1 + \eta_{g,m}^{\mathrm{L}} \tag{3-27}$$

因此对于单播系统，EPSA、L-EPSA 和 H-EPSA 三种算法等价。

3. 功率分配

由于各子载波上的功率平均分配，子载波分配后的系统性能并非最优。在功率分配阶段中，基于子载波分配结果对各子载波上的加载功率进行分配。子载波分配后，对于子载波 m，只有属于多播组 g_m^* 的用户才被分配到该子载波上，此时资源分配问题(式(3-9))可以转化为如下的功率分配问题：

$$\max_{P_m} \sum_{m=1}^{M} \left| \mathcal{K}_{g_m^*} \right| \cdot B_0 \log_2 \left(1 + \frac{\alpha_{g_m^*,m}^2 P_m}{N_0 B_0} \right) \tag{3-28}$$

$$\text{s.t.} \quad \sum_{m=1}^{M} P_m \leqslant P_{\max}, \quad P_m \geqslant 0 \tag{3-29}$$

功率分配的问题是指研究在总功率受限的条件下如何在各子载波上加载功率以最大化吞吐量。功率分配问题可以采用拉格朗日方法求解，定义拉格朗日方程为

$$L = \sum_{m=1}^{M} \left| \mathcal{K}_{g_m^*} \right| \cdot B_0 \log_2 \left(1 + \frac{\alpha_{g_m^*,m}^2 P_m}{N_0 B_0} \right) - \lambda \left(\sum_{m=1}^{M} P_m - P_{\max} \right) \tag{3-30}$$

式中，λ 为拉格朗日乘子。功率分配的最优解应为上述拉格朗日函数的极值，因此对拉格朗日方程求偏导后，各子载波上的功率应满足 $\dfrac{\partial L}{\partial P_m} = 0$，即

$$\frac{\partial L}{\partial P_m} = \frac{\left| \mathcal{K}_{g_m^*} \right|}{\ln 2} \frac{\alpha_{g_m^*,m}^2}{N_0 B_0 + \alpha_{g_m^*,m}^2 P_m} - \lambda = 0 \tag{3-31}$$

可解得子载波 m 上所分配的功率为

$$P_m = \max \left\{ \frac{\left| \mathcal{K}_{g_m^*} \right|}{\lambda \ln 2} - \frac{N_0 B_0}{\alpha_{g_m^*,m}^2}, 0 \right\} \tag{3-32}$$

将 P_m 代入总功率限制 $\sum_{m=1}^{M} P_m = P_{\max}$，可以求得 λ 的值。

上述功率分配算法和注水算法的不同点在于对于不同的子载波上所得到的注水高度可能不同,这是由于各多播组中用户个数不同。当各多播组具有相同的多播用户数时,上述功率分配算法退化为注水算法。

联合预编码、子载波分配和功率分配,这种资源分配方法称为最优资源分配 (optimal subcarrier and power allocation, OSPA)算法。同样,为降低计算复杂度,在高信噪比场景中比较 $\eta_{g,m}$ 时可将低次项忽略,对应的算法称为 H-OSPA;在低信噪比的场景中比较 $\eta_{g,m}$ 时可将高次项忽略,对应的算法称为 L-OSPA。对于单播系统,OSPA、H-OSPA 和 L-OSPA 三种算法等价。

3.3.3 仿真结果及分析

本小节通过蒙特卡罗仿真验证 OSPA、EPSA 两种资源分配算法的性能,假设发射端具有 4 根天线,接收用户配有单天线。图 3-3~图 3-5 仿真过程中,将多播系统吞吐量对子载波带宽 B_0 归一化,得到多播系统的频谱利用率。仿真过程中选取的参考算法为固定子载波与功率分配(fixed subcarrier and power allocation,FSPA)算法。FSPA 算法中,固定子载波分配,对各多播组所分配的子载波个数同组内多播用户个数成正比,各子载波上通过注水定理进行功率分配。

图 3-3 中比较了多播系统中 OSPA、EPSA、FSPA 算法在单播和多播系统中的性能,发射信噪比从 0dB 增大到 25dB。从图 3-3 中可以看出:首先,多播系统吞吐量远大于单播系统,这是由于多播系统采用同样的资源向多个用户传输数据,大大提高了频谱利用率。其次,EPSA、OSPA 算法性能均优于 FSPA 算法,且随着信噪比的增大能够取得更大的性能增益,说明本节所提出的子载波分配和功率分配能够提高系统性能。最后,OSPA 算法能够达到最大的系统吞吐量,EPSA 算法在高信噪比的情况下和 OSPA 算法的性能比较接近。在高信噪比条件下平均功率分配与最优功率分配相比性能损失较小。

图 3-4 比较了 L-OSPA/H-OSPA 和 OSPA 算法在单天线系统和多天线系统中的性能,文献[5]中针对单天线系统提出一种资源分配算法。从图中可以看出:首先,在多播场景中,L-OSPA 算法在低信噪比时和 OSPA 算法性能比较接近,H-OSPA 算法在高信噪比时和 OSPA 算法性能比较接近。这是由于 L-OSPA/H-OSPA 算法中 $\eta_{g,m}$ 的高次项和低次项分别做了忽略。因此当系统处于低/高信噪比时,可以采用 L-OSPA/H-OSPA 算法进一步降低资源分配过程中的运算复杂度。

其次，在单播场景中，L-OSPA/H-OSPA 和 OSPA 算法的仿真曲线完全重合，三种算法的系统性能完全相同，这一点也与理论分析一致。最后，多天线系统中资源分配后系统性能优于文献[5]中资源分配后系统性能，这是由于多天线带来的系统增益。

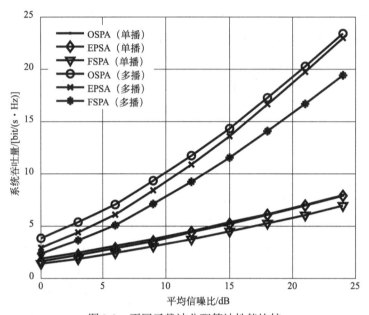

图 3-3　不同子载波分配算法性能比较

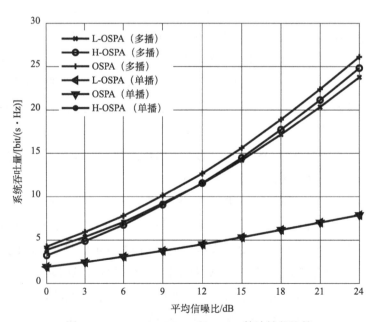

图 3-4　L-OSPA/H-OSPA 和 OSPA 算法性能比较

　　图 3-5 比较了不同预编码方式下多播系统的性能。OSPA 算法中预编码算法采用最大最小公平(MMF)算法。ML-OSPA 算法中，预编码算法采用匹配滤波器的方式求得，在第一步中发射端预编码矢量取多播组内最差用户的归一化信道矢量共轭(ML)，第二步和第三步同 OSPA 算法。同 L-OSPA 算法性能相比，OSPA 算法在多播系统取得了更好的系统性能，且随着用户数的增加，OSPA 算法能取得更多的性能增益。这表明预编码操作在多天线多播系统中占据比较重要的角色，最大最小公平算法通过提高多播组最差用户的接收信噪比，从而提高了该多播组传输速率，在预编码步骤中通过较高的计算复杂度来换取更好的系统性能。

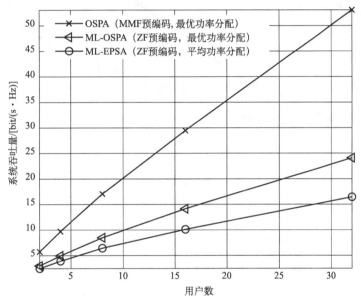

图 3-5　不同预编码方式下多播系统性能比较

　　最大化系统吞吐量问题可以分解为最大化每个子载波上的吞吐量问题，式(3-5)每个子载波上的吞吐量定义为子载波上传输速率乘以对应多播组中的用户数。因此多播系统中资源分配结果受各多播组中用户数的影响。图 3-6 中仿真了多播系统中包含用户数相同时多播组吞吐量随信噪比的变化，图 3-7 仿真了多播系统中包含用户数不同时多播组吞吐量随信噪比的变化。

　　如图 3-6 所示，多播系统中包含两个多播组，每个多播组均包括 6 个用户。从图中可以看出组 1 和组 2 获得近似相等的吞吐量。当多播组中包含的用户数相同时，多播组被分配的资源近似相等，多播组能够获得的吞吐量相差不大。

　　如图 3-7 所示，多播组 1 包括 4 个用户，多播组 2 包括 6 个用户。图 3-7 展示了系统吞吐量和两个多播组各自的吞吐量。从图中可以看出多播组1的吞吐量近似为0，且随着信噪比的增大，组1的吞吐量趋近于0。这说明在资源分配过程中，多播组1基本无法分配到资源。

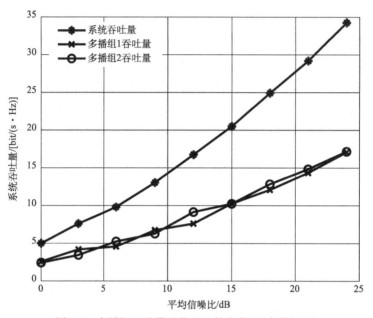

图 3-6　多播组吞吐量随信噪比的变化(用户数相同)

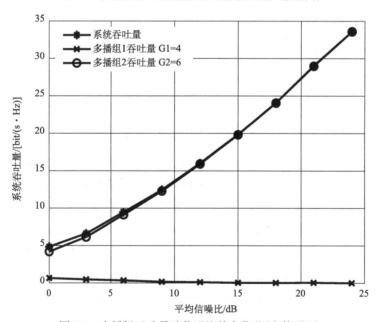

图 3-7　多播组吞吐量随信噪比的变化(用户数不同)

依据仿真结果，最大化系统吞吐量的资源分配算法的特点如下：所有多播用户的信道状态独立同分布情况下，当多个多播组中包含用户数相同时，各多播组分配资源的概率相同，多播组能够获得的吞吐量近似相等。当多播组中包含用户数不同时，用户数较少的多播组基本无法分配到资源。为了保证在资源分配过程中多播组之间的公平性，本章 3.4 节提出组间公平性保障的资源分配方法。

3.4　基于组间公平的资源分配

3.4.1　基于组间公平的资源分配问题建模

本章 3.3 节中资源分配的目的是通过预编码、子载波分配和功率分配最大化多播系统的吞吐量。由于各子载波上的分配情况相互独立，最大化系统吞吐量问题可以分解为最大化每个子载波上的吞吐量问题，式(3-5)每个子载波上的吞吐量定义为子载波上传输速率乘以对应多播组中的用户个数。因此，在所有用户经历相同的信道分布的情况下，分配过程中用户数少的多播组能够分配到资源的概率非常小，对用户数少的多播组不公平。因此在资源分配过程中，应考虑多播组之间的公平性，在保证所有多播组都有一定服务机会的前提下，提高整个多播系统的吞吐量[10-14]。

组间公平性问题有多种解决方式，如速率比例公平[10]、子载波比例公平[11]。从适合于实际系统的角度出发，为了降低资源分配中的运算复杂度，基于 3.2 节中的系统场景及建模，本节从子载波比例公平的角度来处理资源分配问题，即每一个多播组具有各自的最少子载波需求，资源分配过程中在满足所有多播组最少子载波需求的条件下最大化系统吞吐量。

本节的系统框图如图 3-1 所示。资源分配的目的是在保障多播组之间公平性的前提下，通过对子载波和功率的联合分配来最大化系统吞吐量。为保证多播组之间的公平性，对每个多播组设定一个最小子载波数限制。最优化问题的目标函数描述如下：

$$\max_{P_m,\rho_{g,m}} \sum_{g=1}^{G}\sum_{m=1}^{M} \rho_{g,m} \frac{|\mathcal{K}_g| B_0}{B} \log_2\left(1+\frac{\alpha_{g,m}^2 P_m}{N_0 B_0}\right) \tag{3-33}$$

$$\text{s.t.} \ \sum_{m=1}^{M} P_m \leqslant P_{\max}, \quad P_m \geqslant 0 \tag{3-34}$$

$$\sum_{g=1}^{G} \rho_{g,m} = 1, \quad m = 1, 2, \cdots, M \tag{3-35}$$

$$\rho_{g,m} = \{0,1\} \tag{3-36}$$

$$\sum_{m=1}^{M} \rho_{g,m} \geqslant l_g, \quad g = 1, 2, \cdots, G \tag{3-37}$$

式中，目标函数中的各变量含义与 3.3 节相同，$\rho_{g,m}$ 表示子载波分配索引；$|\mathcal{K}_g|$ 表示第 g 个多播组中用户数；P_m 表示子载波 m 上所加载的功率；$P_{\max}$ 表示系统总功率；l_g 为多播组 g 的最小子载波个数；$\alpha_{g,m}$ 为多播组 g 在子载波 m 上的等效信道增益。

限制条件式(3-34)为传输总功率受限；式(3-35)表明每个子载波只能分配给一个多播组，不同多播组不能共享子载波以避免组间干扰；式(3-37)表明为多播组 g 分配的子载波个数最少为 l_g 个，l_g 的值根据多播业务的速率需求和业务优先级确定，且应满足 $\sum_{g=1}^{G} l_g \leqslant M$。

比较本节基于组间公平的资源分配问题目标函数和 3.3 节最大化吞吐量的资源分配问题目标函数，基于组间公平的资源分配限制条件中多了一个各多播组子载波数限制。当 $l_g = 0 \,(g=1,\cdots,G)$ 时，表明所有多播组均无子载波数限制，上述最优化问题退化为最大化吞吐量的资源分配。

3.4.2 基于组间公平的资源分配算法

功率分配最优化问题的求解过程中，为降低运算复杂度，采用三个阶段的次优算法来求解资源分配问题，将预编码、子载波分配和功率分配问题分别求解。首先，根据最大最小公平准则，计算 g 组用户在子载波 m 上的预编码矢量；其次，假定子载波之间功率平均分配，在多播组之间进行子载波分配，首先为各多播组分配子载波使之满足公平性限制，然后将剩余子载波按最大化子载波吞吐量的准则分配；最后，在子载波之间采用拉格朗日乘子法进行功率分配，在总功率受限的条件下最大化系统的吞吐量。

1. 多播预编码

多播系统中，由于多播业务的传输速率取决于多播组中最差用户的信道容量，而多播用户的信道容量取决于该用户的接收 SNR。因此，预编码的目的是最大化多播组中所有用户的最小 SNR。预编码矢量可根据最大最小公平准则求得，表示为

$$\boldsymbol{\omega}_{g,m} = \arg \max_{\boldsymbol{\omega}_{g,m}\in\mathbb{C}^N} \min_{i\in\mathcal{K}_g} \left|\boldsymbol{\omega}_{g,m}^{\mathrm{H}}\boldsymbol{h}_{i,m}\right|^2 \tag{3-38}$$

$$\text{s.t.} \quad \left\|\boldsymbol{\omega}_{g,m}\right\|_2^2 = 1 \tag{3-39}$$

多播组 g 在子载波 m 上的预编码矢量 $\boldsymbol{\omega}_{g,m}$ 取决于多播组 g 中所有用户在子载波 m 上的信道状态。上述最大最小问题已被证明是 NP-hard 问题，可采用半正定-随机化的方式求解。令 $\boldsymbol{Q}_{i,m} = \boldsymbol{h}_{i,m}\boldsymbol{h}_{i,m}^{\mathrm{H}}$，以及 $\boldsymbol{X}_{g,m} = \boldsymbol{\omega}_{g,m}\boldsymbol{\omega}_{g,m}^{\mathrm{H}}$，将式 (3-38) 变形为

$$\boldsymbol{X}_{g,m} = \arg \max_{\boldsymbol{X}_{g,m}\in\mathbb{C}^{N\times N}} \min_{i\in\mathcal{K}_g} \mathrm{trace}(\boldsymbol{X}_{g,m}\boldsymbol{Q}_{i,m}) \tag{3-40}$$

$$\text{s.t.} \ \mathrm{trace}(\boldsymbol{X}_{g,m}) = 1, \quad \boldsymbol{X}_{g,m} \succeq 0 \tag{3-41}$$

$$\mathrm{rank}(\boldsymbol{X}_{g,m}) = 1 \tag{3-42}$$

由于限制条件式 (3-42) 非凸，优化问题式 (3-40) 仍然是个非凸优化问题。因此，去掉限制条件式 (3-42)，将原问题放缩为一个半正定 (SDP) 问题后，放缩后的 SDP 问题可采用 SDP 的求解工具求解，如 SeDuMi。

由于 SDP 问题是通过对原问题限制条件放缩得到，当 $\boldsymbol{X}_{g,m}$ 的秩等于 1 时，SDP 的最优解 $\boldsymbol{X}_{g,m}$ 是原问题式 (3-38) 的解。否则，通常情况下 SDP 的最优解 $\boldsymbol{X}_{g,m}$ 不是原问题式 (3-38) 的解。当 $\boldsymbol{X}_{g,m}$ 的秩等于 1 时，$\boldsymbol{X}_{g,m}$ 的主特征向量为预编码矢量 $\boldsymbol{\omega}_{g,m}$。当 $\boldsymbol{X}_{g,m}$ 的秩不等于 1 时，采用一种随机化的方式通过 $\boldsymbol{X}_{g,m}$ 求得 $\boldsymbol{\omega}_{g,m}$。计算 $\boldsymbol{X}_{g,m}$ 的特征值分解 $\boldsymbol{X}_{g,m}=\boldsymbol{U}\boldsymbol{\Sigma}\boldsymbol{U}^{\mathrm{H}}$，产生一组随机变量 $\{\tilde{\boldsymbol{\omega}}_l\}_{l=1}^R$，$\tilde{\boldsymbol{\omega}}_l = \boldsymbol{U}\boldsymbol{\Sigma}^{1/2}\boldsymbol{e}_l$，其中 $\boldsymbol{e}_l$ 为独立分布随机变量，均匀分布在复平面的单位圆上。从 $\{\tilde{\boldsymbol{\omega}}_l\}_{l=1}^R$ 集合中选择能够最大化最差用户 SNR 的向量，即所求预编码矢量：

$$\boldsymbol{\omega}_{g,m} = \arg \max_{\boldsymbol{\omega}_{g,m}\in\{\tilde{\boldsymbol{\omega}}_l\}_{l=1}^R} \min_{i\in\mathcal{K}_g} \left|\boldsymbol{\omega}_{g,m}^{\mathrm{H}}\boldsymbol{h}_{i,m}\right|^2 \tag{3-43}$$

预编码矢量求得后，多播组 g 在子载波 m 上的等效信道增益 $\alpha_{g,m}$ 可以根据

式(3-3)求得。

2. 子载波分配

子载波分配阶段，提出一个动态的子载波分配算法。为简化子载波分配算法，假定功率在各子载波之间平均分配 $P_m = P_{\max} / M$ ，多播组 g 在子载波 m 上的和速率可以表示为

$$R_{g,m} = \left| \mathcal{K}_g \right| \log_2 \left(1 + \frac{\alpha_{g,m}^2}{N_0 B_0} \frac{P_{\max}}{M} \right) = \log_2 \left(1 + \frac{\alpha_{g,m}^2}{N_0 B_0} \frac{P_{\max}}{M} \right)^{\left| \mathcal{K}_g \right|} \tag{3-44}$$

定义 γ 为子载波上的平均 SNR，即 $\gamma = \dfrac{P_{\max} / M}{N_0 B_0}$，且定义

$$\eta_{g,m} = (1 + \gamma \alpha_{g,m}^2)^{\left| \mathcal{K}_g \right|} = 1 + \left| \mathcal{K}_g \right| \gamma \alpha_{g,m}^2 + \cdots + (\gamma \alpha_{g,m}^2)^{\left| \mathcal{K}_g \right|} \tag{3-45}$$

最优化问题式(3-33)可以分解为每个子载波上的分配问题，子载波 m 上的分配问题可表示为

$$\max_{\rho_{g,m}} R(m) = \sum_{g=1}^{G} \rho_{g,m} \left| \mathcal{K}_g \right| B_0 \log_2 \left(1 + \frac{\alpha_{g,m}^2}{N_0 B_0} \frac{P_{\max}}{M} \right) \tag{3-46}$$

$$\text{s.t.} \sum_{g=1}^{G} \rho_{g,m} = 1, \quad m = 1, 2, \cdots, M \tag{3-47}$$

$$\sum_{m=1}^{M} \rho_{g,m} \geqslant l_g, \quad g = 1, 2, \cdots, G \tag{3-48}$$

$$\rho_{g,m} = \{0, 1\}$$

最大化系统吞吐量等价于最大化每个子载波上的传输速率。为避免组间干扰，每个子载波只能分配给一个多播组，子载波 m 应该分配给在这个子载波上具有最大传输速率的多播组。在分配过程中用 $\eta_{g,m}$ 来代替 $R_{g,m}$，可进一步降低运算复杂度。定义矩阵 $\boldsymbol{U} = [\eta_{g,m}]_{G \times M}$。

基于 3.3 节中最大化系统吞吐量资源分配问题中的子载波分配算法，本节提出一种考虑多播组间公平的子载波分配方法，首先为未满足子载波需求的多播组分配子载波使之满足子载波需求，然后将剩余的子载波分配给能使该子载波获得最大吞吐量的多播组。

一种动态的子载波分配算法描述如下，即考虑组间公平的等功率子载波分配（equal power-based subcarrier allocation considering fairness，EPSA-F）算法。

考虑组间公平的等功率子载波分配算法

1. 初始化：对于任意 g,m，令 $\Omega_g=\varnothing$，$\rho_{g,m}=0$，$S=\{1,2,\cdots,M\}$

2. 循环

a）从未分配的子载波中，选择能够使得子载波 m 上传输速率最大的多播组 g_m^*，则有 $U(g_m^*,m^*)>U(g,m),\forall g,m$，且 $\left|\Omega_{g_m^*}\right|\leqslant l_g$

b）将子载波 m^* 分配给多播组 g_m^*，并删去 U 中 m^* 对应的列：$\Omega_{g_m^*}=\Omega_{g_m^*}\bigcup\{m^*\}$

c）设置对应的子载波分配标识：$\rho_{g_m^*,m^*}=1,\rho_{g\neq g_m^*,m^*}=0,S=S-\{m^*\}$

d）如果 $\left|\Omega_{g_m^*}\right|\geqslant l_{g_m^*}$，删去 U 中 g_m^* 对应的列

e）如果 $\left|\Omega_g\right|\geqslant l_g,\forall g=1,\cdots,G$，退出循环

3. 分配剩余子载波，对于 $m\in S$

a）选择能够使得子载波 m 上传输速率最大的多播组 g_m^*

$g_m^*=\underset{g}{\arg\max}\,\eta_{g,m}\ (g=1,\cdots,G)$

b）设置子载波分配标识：$\rho_{g_m^*,m}=1,\rho_{g\neq g_m^*,m}=0$

子载波分配算法中第 2 步的目的是使所有多播组满足最小子载波数限制，为子载波个数未满足限制条件的多播组分配子载波；第 3 步中分配剩余子载波的目的是最大化剩余子载波上的吞吐量。

子载波分配的流程图如图 3-8 所示。

3. 功率分配

因为子载波分配过程中各子载波上功率平均分配，子载波分配后的系统吞吐量计算并非最优。功率分配阶段基于上一阶段的子载波分配结果提出一种功率分配算法，调整各子载波上的分配功率，进一步提高系统吞吐量。基于组间公平性保障的资源分配算法采用 3.3 节中的功率分配方法。对于子载波 m 来说，只有多播组 g_m^* 被分配到这个子载波上，因此最优化问题式(3-33)可以转化为

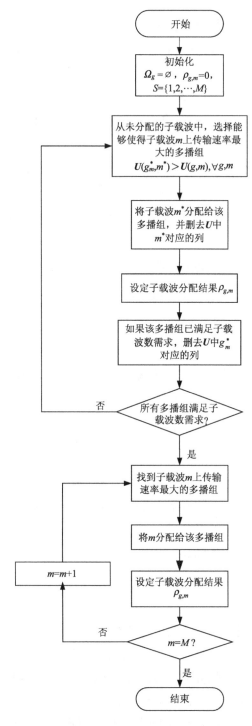

图 3-8　子载波分配流程图

$$\max_{P_m} \sum_{m=1}^{M} \left| \mathcal{K}_{g_m^*} \right| B_0 \log_2 \left(1 + \frac{\alpha^2_{g_m^*,m} P_m}{N_0 B_0} \right) \tag{3-49}$$

$$\text{s.t.} \quad \sum_{m=1}^{M} P_m \leqslant P_{\max}, \quad P_m \geqslant 0 \tag{3-50}$$

功率分配问题(3-49)的求解可以采用拉格朗日乘子法，定义拉格朗日函数为

$$L = \sum_{m=1}^{M} \left| \mathcal{K}_{g_m^*} \right| \cdot B_0 \log_2 \left(1 + \frac{\alpha^2_{g_m^*,m} P_m}{N_0 B_0} \right) - \lambda \left(\sum_{m=1}^{M} P_m - P_{\max} \right) \tag{3-51}$$

式中，λ 为拉格朗日乘子。每个子载波上的传输功率的最优解应满足$\partial L / \partial P_m = 0$。因此，子载波 m 上所分配的功率 P_m 可以表示为

$$P_m = \max \left\{ \frac{\left| \mathcal{K}_{g_m^*} \right|}{\lambda \ln 2} - \frac{N_0 B_0}{\alpha^2_{g_m^*,m}}, 0 \right\} \tag{3-52}$$

拉格朗日乘子 λ 的值可通过将各子载波上的功率 P_m 代入总功率限制条件 $\sum_{m=1}^{M} P_m = P_{\max}$ 后求得。

结合以上预编码、子载波分配和功率分配 3 个步骤，可以得到基于组间公平的资源分配算法，称为 OSPA-F (optimal subcarrier and power allocation considering fairness)。

本节中资源分配方案和 3.3 节中最大化吞吐量的资源分配方案的区别体现在子载波分配阶段，基于公平性保障的组间资源分配中多播组之间的公平性体现在各多播组具有最少子载波数，因此在子载波分配阶段优先为未满足子载波约束的多播组分配子载波。本节算法和 3.3 节算法在预编码阶段均是采用半正定松弛-随机化的方法求解，在功率分配阶段两种算法都是采用基于拉格朗日乘子法求解最优功率分配。

3.4.3　仿真结果及分析

本小节通过蒙特卡罗仿真验证基于公平性的组间资源分配算法的性能，并且在多播系统中各多播组包含用户数相同或不同时，比较本节算法和 3.3 节算法的性能。在仿真中，假设发射端有 4 根天线，多播数据在 10 个子载波上传输。

图 3-9 为本章所提算法和 3.3 节中资源分配算法的比较。系统包括 10 个多播用户，分为 2 个多播组。其中组 1 包括 4 个用户，组 2 包括 6 个用户。3.3 节中 OSPA 算法未考虑多播组间的公平性。G1、G2 分别表示多播组 1、组 2 的用户数。从图中可以看出，OSPA 算法中多播组 1 吞吐量几乎为 0，无线资源全部分配给组 2，而 OSPA-F 算法中组 1 和组 2 吞吐量较为接近。这是由于 OSPA 算法未考虑多播组之间的公平性，当多播组之间用户数不同时，用户数少的多播组往往无法分配到资源。OSPA-F 算法在进行资源分配时考虑了多播组之间的公平性。

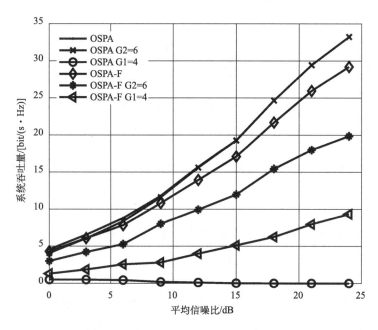

图 3-9　OSPA-F 和 OSPA 算法性能比较

从图 3-9 可以得出以下结论，首先，OSPA 算法下系统总吞吐量大于 OSPA-F 算法下系统吞吐量。因为 OSPA 算法在资源分配时仅考虑系统吞吐量的最大化，而 OSPA-F 算法在资源分配时首先考虑满足各多播组子载波数限制，有可能把子载波分配给并非该子载波上吞吐量最大的多播组，因此 OSPA-F 算法在考虑多播组间公平的同时，会降低系统的总吞吐量。其次，OSPA 算法中包含多播用户数少的多播组 G1 吞吐量几乎为 0，几乎无法分配到无线资源，系统无线资源全部被包含用户数多的多播组 G2 占据。OSPA-F 算法通过为两个多播组设置最小子载波限制，解决了用户数少的多播组无法分配到资源的问题。

　　图 3-10 中仿真了用户数相同时 OSPA-F 和 OSPA 算法下各多播组的吞吐量随信噪比的变化。多播组 1 和组 2 中都包含 6 个用户。从仿真图中可以看出，OSPA-F 和 OSPA 算法系统吞吐量曲线几乎重合。这说明当各多播组中包含用户数相同时，OSPA-F 和 OSPA 算法性能几乎相同，组间公平性限制不影响系统性能。并且 OSPA 和 OSPA-F 算法中，两个多播组吞吐量曲线基本重合，这说明在多播组用户数相等的多播系统中，各多播组能够分配到无线资源的概率是相同的。

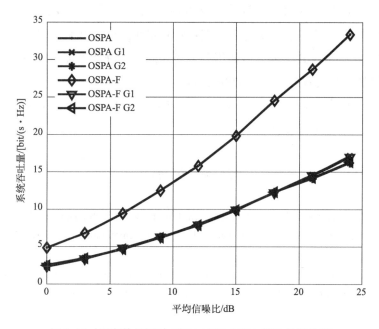

图 3-10　用户数相同时 OSPA-F 和 OSPA 算法性能比较

3.5　本　章　小　结

　　本章在第 2 章预编码理论的基础上主要讨论了基于 OFDMA 的多天线多组多播系统中的组间资源分配问题，考虑各多播组之间的联合空域、频域及功率资源分配问题。从系统吞吐量、用户组间公平两个角度提出资源分配方法。为降低计算复杂度，将预编码、子载波分配和功率分配独立求解，通过本章的理论研究和仿真评估，可以得出如下几个结论：

　　(1)无论是在单播系统还是多播系统中，最大化吞吐量的组间资源分配方法

OSPA 都能够显著提高系统吞吐量，且频域资源分配所获得的性能增益大于功率分配。两种降低运算复杂度的算法 L-OSPA/H-OSPA 分别在低信噪比和高信噪比区域能够较好地接近最优分配结果。

(2) 由于多播组的吞吐量与该组中多播用户个数相关，当多播系统中各多播组包含用户数不同时，基于最大化吞吐量的资源分配方法导致用户数少的多播组无法分配到无线资源。

(3) 组间公平的资源分配算法能够解决由用户数不同造成的组间不公平问题，多播组公平性的保证通过各多播组设定最小子载波数来实现。组间公平的资源分配算法 OSPA-F 在强调多播组间公平的同时会降低多播系统吞吐量，采用 OSPA-F 算法的系统吞吐量小于 OSPA 算法。

(4) 当各多播组无子载波数限制时，基于组间公平的资源分配算法退化为最大化吞吐量的资源分配算法。

参 考 文 献

[1] Wong C Y, Cheng R S, Letaief K B, et al. Multiuser OFDM with adaptive subcarrier, bit, and power allocation. IEEE Journal on Selected Areas in Communications, 1999, 17(10): 1747-1758.

[2] Shen Z K, Andrews J G, Evans B L. Adaptive resource allocation in multiuser OFDM systems with proportional rate constraints. IEEE Transactions on Wireless Communications, 2005, 4(6): 2726-2737.

[3] Jang J, Lee K B. Transmit power adaptation for multiuser OFDM systems. IEEE Journal on Selected Areas in Communications, 2003, 21(2): 171-178.

[4] Liu B, Jiang M, Yuan D. Adaptive resource allocation in multiuser ODFM system based on genetic algorithm. Proceedings WRI International Conference on Communications and Mobile Computing, Kunming, 2009: 270-273.

[5] Liu J, Chen W, Cao Z, et al. Dynamic power and sub-carrier allocation for OFDMA-based wireless multicast systems. Proceedings of IEEE ICC, Beijing, 2008: 2607-2611.

[6] Xu J, Lee S J, Kang W S, et al. Adaptive resource allocation for MIMO-OFDM based wireless multicast system. IEEE Transactions on Broadcasting, 2010, 56(1): 98-102.

[7] 许文俊, 牛凯, 贺志强, 等. OFDM 系统中考虑信源编码特性的多播资源分配方案. 通信学报, 2010, 31(8): 66-74.

[8] Wu B, Shen J, Xiang H G. Resource allocation with minimum transmit power in multicast OFDM systems. Journal of Systems Engineering and Electronics, 2010, 21(3): 355-360.

[9] Sidiropoulos N D, Davidson T N, Luo Z Q. Transmit beamforming for physical-layer multicasting. IEEE Transactions on Signal Processing, 2006, 54(6): 2239-2251.

[10] 许文俊, 牛凯, 贺志强, 等. 多播 OFDM 系统中比例公平资源分配. 北京邮电大学学报, 2009, 32(6): 109-113.

[11] Ngo D T, Tellambura C, Nguyen H H. Efficient resource allocation for OFDMA multicast systems with fairness consideration. Proceedings of IEEE RWS, San Diego, 2009: 392-395.

[12] Özbek B, Ruyet D L, Khanfir H. Performance evaluation of multicast MISO-OFDM systems. Annals of Telecommunications-Annales des Télécommunications, 2008, 63(56): 295-305.

[13] Bakanoglu K, Wu M Q, Saurabh M. Adaptive resource allocation in multicast OFDMA systems. Proceedings of IEEE WCNC, Sydney, 2010: 1-6.

[14] Xu W J, He Z Q, Niu K, et al. Multicast resource allocation with min-rate requirement in OFDM systems. The Journal of China Universities of Posts and Telecommunications, 2010, 17(3): 24-30, 51.

第4章 多播系统组内资源分配

多播系统的资源分配包括组间资源分配和组内资源分配。组间资源分配指当多播系统中包含多个多播组时，发射端在多个多播组之间合理分配系统资源以提高系统性能，归属于同一个多播组内的多个用户共享无线资源[1-3]；组内资源分配指在同一个多播组内的多个用户中合理分配系统资源，同一个时频资源块为多播组内的多个用户(不是所有用户)服务，通过组内无线资源的分配来提高多播组传输速率及吞吐量[4-7]。针对无线多播系统组内资源分配问题，本章从不同角度分析组内资源分配，分别针对吞吐量最大化、系统传输速率最大化两个目标进行资源分配。

针对多播用户之间存在的信道差异，4.3 节将多播数据划分为基本层和增强层，针对基本层数据与增强层数据不同的 QoS 要求，将资源分配问题建模为在保证基本层传输要求的最小速率的条件下，最大化增强层和速率的分配问题，并提出基于分层传输的资源分配算法，在保证所有用户基本速率要求的前提下提高系统吞吐量。

4.4 节针对 OFDMA 的多播系统中子载波上传输速率受限于该子载波上最差用户速率的瓶颈，采用组内资源分配方法提高系统传输速率。在考虑用户之间不同速率需求的前提下，对多播组内用户进行子载波和功率分配，来最大化多播系统归一化速率。采用考虑多用户分级的子载波分配方法和基于梯度的功率分配算法，突破了子载波上的传输速率受限于最差用户传输速率的瓶颈。

4.5 节将 4.4 节中单天线多播系统资源分配算法推广到多天线系统，在问题求解过程中，联合考虑各子载波上的预编码操作和资源分配以降低运算复杂度，在迭代分配子载波的过程中，将预编码取为该子载波上分配用户集中最差用户的信道矢量共轭，子载波分配结果和预编码结果选择迭代求解使得系统传输速率最大时的分配状态。

4.1　引　　言

在多播传输中，所有多播用户能够共享无线资源，频谱利用率得到显著提高。无线通信系统中的资源分配通过对时隙、子载波、功率等无线资源进行优化分配，能够显著提高系统性能。针对多播资源分配问题的研究集中在多播系统中存在多个多播组时的组间资源分配[1-3]，本书第 3 章针对多天线多播系统组间资源分配进行了研究。在进行多播组间资源分配时，多播组内用户通过相同时频资源接收本组数据，一旦某个子载波分配给一个多播组，则这个子载波为组内所有用户传输数据。由于发射端和各接收用户之间的信道状态不同，每个接收用户所能接收的最大传输速率也不相同。为保证所有多播用户的正确接收，多播传输速率受制于最差用户的传输速率。

当多播用户数增加时，多播传输速率显著下降，尤其是某个多播用户处在深衰状态时。因此随着多播用户数的增加，多播系统会出现容量饱和的情况[2]。多播组内用户之间信道状态的差异性使得多播组内存在多用户分集增益。传统的多播传输只利用了多播增益，而没有利用多播组中的多用户分集增益，对信道状态较好的用户而言，其频谱资源未得到充分利用。

多播组的传输速率受限于最差用户的信道状态，因此本章在多播组内的用户间进行合理的资源分配，提高整个多播组的传输速率。多载波系统中，当为多个多播用户分配相同的时频资源时，该时频资源块上的最大可达传输速率取决于该时频资源块上所分配的多个用户中最差的信道状态。因此在子载波上进行合理的用户选择，为该子载波上信道状态较好的多个用户传输数据，以提高该子载波上的传输速率，突破了子载波上传输速率受限于多播组中最差用户的系统瓶颈。从用户角度来说，组内资源分配中为多播用户选择对于该用户来说信道较好的多个子载波，该多播用户的总传输速率为所有为这个用户分配的资源上的传输速率之和。

4.2　组内资源分配系统模型

考虑一个包含 M 个用户的多播组，发射端和所有用户均配备单天线。假定基站端已知所有用户的信道状态，基站端根据信道状态和用户的 QoS 需求进行子载波分配和功率分配，并将分配结果告知多播用户。根据子载波分配和功率分配的结果，发射端将数据从多个子载波上送出。用户根据子载波分配结果在指定的子载波上接收数据，然后对多个子载波上的接收数据进行联合译码，以得到原始数据。

多播业务占用 N 个子载波，$\boldsymbol{h}_{i,n}$ 表示第 i 个用户在第 n 个子载波上的信道增益，每个用户经历块衰落平稳信道，即每次传输时信道状态保持不变，这次传输和下次传输信道状态相互独立。并且假设在资源分配过程中信道状态保持不变，不同用户的信道状态相互独立。

每个子载波具有相同的带宽 B_0，$B_0=B/N$，B 为多播业务总通信带宽。由香农信道容量公式可知，第 i 个用户在第 n 个子载波所能达到的系统容量 $c_{i,n}$ 可表示为

$$c_{i,n} = B_0 \log_2 \left(1 + \frac{\left| \boldsymbol{h}_{i,n} \right|^2 P_n}{N_0 B_0} \right) \tag{4-1}$$

式中，N_0 表示噪声的单边功率谱密度；P_n 表示第 n 个子载波上分配的功率，且满足 $\sum_{n=1}^{N} P_n = P_{\max}$，$P_{\max}$ 为系统总功率。

定义子载波分配变量 $\rho_{i,n}$ 来表示第 n 个子载波是否分配给第 i 个用户。如果 $\rho_{i,n}=1$，则表示第 n 个子载波分配给第 i 个用户；如果 $\rho_{i,n}=0$，则表示第 n 个子载波没有分配给第 i 个用户。

为保证第 n 个子载波上传输的数据能够被该子载波上所分配的所有用户接收，第 n 个子载波上传输速率 c_n 取决于它上面所分配用户中的最小速率，即

$$c_n = \min_{i \in \Omega_n} c_{i,n} \tag{4-2}$$

式中，集合 Ω_n 为第 n 个子载波上所分配的用户的集合，即 $\Omega_n = \{i \mid \rho_{i,n}=1, i \in \{1, \cdots, M\}\}$。

第 i 个用户的速率为分配给用户 i 的子载波上的传输速率的和，因此可以表示为

$$R_i = \sum_{n=1}^{N} \rho_{i,n} c_n = \sum_{n \in \Theta_i} c_n = \sum_{n \in \Theta_i} \min_{i \in \Omega_n} c_{i,n} \tag{4-3}$$

式中，集合 Θ_i 表示第 i 个用户所占用的子载波的集合，即 $\Theta_i =$

$\{n\,|\,\rho_{i,n}=1,n\in\{1,\cdots,N\}\}$。用户 i 在集合 Θ_i 中指定的子载波上接收数据。

子载波 n 上的吞吐量可以表示为 $C_n=\sum\limits_{i=1}^{K}\rho_{i,n}c_n$。多播系统吞吐量可以表示为

$$C=\sum_{n=1}^{N}\sum_{i=1}^{K}\rho_{i,n}c_n \tag{4-4}$$

以下通过一个组内子载波分配的实例来阐述组内子载波分配问题。考虑一个包含 8 个用户的多播组，发射端通过 6 个子载波传输多播数据。组内子载波分配变量 $\rho_{i,n}$ 如图 4-1 所示。

	用户1	2	3	4	5	6	7	8
子载波 6	0	1	0	1	1	1	0	1
子载波 5	0	0	1	1	1	1	1	1
子载波 4	1	1	1	0	0	1	0	1
子载波 3	1	1	1	1	0	1	0	1
子载波 2	0	0	1	0	1	1	1	1
子载波 1	1	1	0	1	1	0	1	1

图 4-1　子载波分配结果示例

图 4-1 中，每一行中的元素表示某子载波分配给哪些用户，每一列中的元素表示某用户被分配了哪些子载波。以子载波 1 和用户 1 为例，子载波 1 为用户 1、用户 2、用户 4、用户 5、用户 7、用户 8 传输数据，用户 1 上分配了子载波 1、子载波 3、子载波 4。子载波 1 上的传输速率可以表示为 $c_1=\min\{c_{1,1},c_{2,1},c_{4,1},c_{5,1},c_{7,1},c_{8,1}\}$。子载波 1 上的吞吐量可以表示为 $C_1=6\cdot c_1$。用户 1 的传输速率可以表示为 $R_1=c_1+c_3+c_4$。其他子载波上的传输速率和吞吐量以及其他用户的接收速率可以同理得到。

式(4-3)、式(4-4)表示了系统容量、用户速率和子载波分配结果的关系，子载波分配确定后，每个子载波的传输速率也随之确定，从而得到系统容量和用户速率。下面从另一个角度来研究系统容量和用户速率的表达形式。

假定子载波 n 上的传输速率为 r_n，则根据香农信息理论，信道容量大于 r_n 的用户能够成功接收数据。子载波 n 上的吞吐量可表示为

$$R_n = \sum_{i=1}^{K} I(c_{i,n} > r_n) r_n \tag{4-5}$$

式中，$I(x)$ 表示若 x 成立，则 $I(x)=1$，否则 $I(x)=0$。

多播系统的吞吐量可通过对所有子载波上吞吐量求和得到，表示如下：

$$C = \sum_{n=1}^{N} \sum_{i=1}^{K} I(c_{i,n} > r_n) r_n \tag{4-6}$$

用户 i 的传输速率可表示为

$$R_i = \sum_{n=1}^{N} I(c_{i,n} > r_n) r_n \tag{4-7}$$

考虑在多播组内进行子载波分配以最大化组内吞吐量，目标函数可以表示如下：

$$\max_{\rho_{i,n}, P_n} \sum_{n=1}^{N} \sum_{i=1}^{K} \rho_{i,n} c_n \tag{4-8}$$

$$\text{s.t.} \quad \sum_{n} P_n \leqslant P_T, \quad P_n \geqslant 0, \quad \forall n \tag{4-9}$$

$$\rho_{i,n} \in \{0,1\} \tag{4-10}$$

基于 OFDMA 的多播系统中，最大化系统吞吐量容量等价于最大化每个子载波上吞吐量，因此每个子载波上的用户选择准则即保证该子载波上的吞吐量最大。因此，子载波 n 上各用户的信道容量降序排列为 $c_{1,n}$，$c_{2,n}$，$\cdots$，$c_{k,n}$，当子载波 n 上传输速率为 $c_{k,n}$ 时，容量序列中 $k'<k$ 的用户由于传输速率小于用户容量，即 $c_{k',n}>c_{k,n}$，能够正确接收到数据。子载波上能够正确接收的用户个数为 k，多播组中用户和容量为 $R_n=k \cdot c_{k,n}$。

因此确定子载波 n 上传输速率时，选择使得 R_n 最大的用户 k^* 的信道容量 $r_n=c_{k^*,n}$，其中 $k^* = \arg\max_{k} k \cdot c_{k,n}$。当子载波 n 上的传输速率确定后，该子载波上能够正确接收的用户随之确定，并得到该子载波上的子载波分配变量 $\rho_{i,n}$，即 $i \leqslant k$ 时，$\rho_{i,n}=1$；$i>k$ 时，$\rho_{i,n}=0$。

在最大化多播系统吞吐量的组内资源分配过程中，存在某些信道质量差的用户无法被分配到子载波而导致传输速率为 0 的现象，因此在 4.3 节中考虑基于分层传输的组资源分配，在满足所有用户基本层速率需求的前提下最大化增强层吞吐量，达到多播组内公平性和效率的折中。

4.3　基于分层传输的组内资源分配

4.3.1　多播系统中的分层传输

多播能有效地传输相同的内容给多个接收者，节省了大量的网络资源，因此它对于资源有限的无线网络来说是一个非常有效的传输技术。然而，当网络规模越大时，多个用户之间的信道状态差异很大，每个接收用户所能接收的最大传输速率也不相同。为保证所有多播用户的正确接收，多播传输速率受制于最差用户的信道容量，而其他用户的无线资源未能有效利用。当多播用户数增加时，多播传输速率显著下降。因此在广播组播业务中，系统资源受限的条件下如何为多播用户提供差异化的服务是多播资源分配的关键问题，即在保障所有用户的基本速率需求的条件下，允许信道状态好的用户获得较好的接收性能，使得多播系统性能不再受限于最差用户[8-11]。以图像/视频传输为例，多播系统允许不同用户接收不同清晰度的图像/视频，信道质量差的用户接收低清晰度的图像/视频，同时允许信道质量好的用户接收高清晰度的图像/视频。

基于分层传输的思想，将多播数据划分为不同层，各多播用户依据自身信道质量和传输需求接收某一层或某几层的数据，是实现多播用户差异化传输的有效途径。分层传输的实现方式包括叠加码、多描述编码、分级调制和多级耦合方式等。

对无线多播系统资源分配和调度的现有研究主要集中在对单层多播传输的研究上，即所有的多播用户接收相同的多播数据，服务质量方面用户之间不存在差异性。在分层传输的情况下如何考虑每层的资源分配和调度还需要进一步深入研究。

本节提出一种基于分层的资源分配算法，根据多播业务 QoS 需求，发射端将数据分为基本数据流和增强数据流，将不同层的数据流通过多个子载波传输，为多播用户提供差异化服务。基本数据流面向所有多播用户传输。各多播用户根据自己的信道状态和 QoS 需求选择是否接收增强数据流。本节建模了 OFDM 多播系统基于分层传输的资源分配问题，将资源分配问题建模为在保证基本层速率需求的条件下最大化增强层的吞吐量。在资源分配过程中，子载波分配和功率分配阶段均分别对基本层和增强层分配。仿真结果表明本节算法能够在满足所有用户基本 QoS 需求的条件下，最大化部分用户的增强层和速率，较好地折中了多播系统中的传输有效性和用户间的公平性。

4.3.2 多播分层资源分配问题描述

考虑包含一个基站和 K 个用户的无线多播 OFDMA 系统，系统的子载波总数为 N。基站与用户之间的下行链路是慢衰落频率选择性信道。基站可通过用户信道反馈，获得用户 k 在子载波 n 上信道增益 $h_{k,n}$，则用户 k 在子载波 n 上的信道容量为

$$c_{k,n}(P_n) = \log_2\left(1 + \frac{\left|h_{k,n}\right|^2 P_n}{N_0 B_0}\right) \tag{4-11}$$

式中，$h_{k,n}$ 表示用户 k 在子载波 n 上的信道增益；N_0 为子载波 n 上的噪声功率谱密度；P_n 是在子载波 n 上分配的功率。

传输过程将多播数据通过分层编码分为基本层数据和增强层数据。基本层数据提供可接受的服务质量，需保证所有用户的正确接收。增强层数据为信道质量好的用户提供更优的服务质量，因此只需针对信道质量较好的用户传输。基本层和增强层数据分别在不同的子载波上传输，承载基本层数据和增强层数据的子载波称为基本层子载波和增强层子载波。

定义两个子载波分配索引 μ_n^b，$\mu_{k,n}^e$，分别表示基本层和增强层上子载波 n 的分配状态，具体含义如下：μ_n^b 为基本层多播业务的子载波分配系数，如果将子载波 n 分配给基本层多播数据使用，则 $\mu_n^b = 1$，反之则 $\mu_n^b = 0$。如果将子载波 n 分配给用户 k 传输增强层多播数据使用，则 $\mu_n^e = 1$，反之则 $\mu_n^e = 0$。定义 $\mu_{k,n} = \mu_n^b + \mu_{k,n}^e$，则 $\mu_{k,n}$ 表示子载波 n 上用户 k 的分配状态，$\mu_{k,n} = 1$ 表示将子载波 n 分配给用户 k。

子载波 n 上的数据传输速率由分配到该子载波上的最差用户决定。因此，基本层子载波上传输速率可表示为

$$c_n^b = \min_k c_{k,n}(P_n) = \log_2\left(1 + \alpha_n P_n\right) \tag{4-12}$$

式中，$\alpha_n = \dfrac{\min\limits_k \left|h_{k,n}\right|^2}{N_0 B_0}$，表示子载波 n 上最差用户的信道功率增益与噪声的比值。

增强层子载波上传输速率可表示为 $c_n^{\mathrm{e}} = \min\limits_{\mu_{k,n}^{\mathrm{e}}=1} c_{k,n}(P_n)$。基本层和增强层子载波

上传输速率可以统一表示为

$$c_n = \min_{\mu_{k,n}=1} c_{k,n}(P_n) = \log_2\left(1 + \alpha_{k,n} P_n\right) \tag{4-13}$$

式中，$\alpha_{k,n} = \dfrac{\min\limits_{\mu_{k,n}=1} \left|h_{k,n}\right|^2}{N_0 B_0}$。

由于基本层数据针对所有用户传输，因此基本层子载波分配为所有多播用户承载数据，多播组中所有用户的基本层传输速率相同，可表示为所有基本层子载波上传输速率之和，根据香农信息理论，用户能够可靠接收多播业务的基本层数据速率上限为

$$R^{\mathrm{b}} = \sum_n \mu_n^{\mathrm{b}} c_n(P_n) \tag{4-14}$$

在实际多播应用中，为了保证 QoS，多播业务具有一定的最小速率要求，即 $R^{\mathrm{b}} \geqslant R_0$，其中 R_0 为多播业务所要求的速率门限。

对于系统中的增强层数据，只需要保证部分信道状态好的用户接收，因此增强层子载波为部分用户传输数据。根据香农信息理论，用户 k 在分配到的子载波上的速率为

$$R_k^{\mathrm{e}} = \sum_n \mu_{k,n}^{\mathrm{e}} c_n(P_n) \tag{4-15}$$

在同时考虑基本层和增强层多播业务时，本节所研究的 OFDMA 系统资源分配的优化问题是在满足总功率约束以及基本层多播业务最小速率要求的条件下，使所有增强层用户多播业务的和速率最大，优化问题建模如下：

$$\max_{\mu_{k,n}^{\mathrm{e}},\mu_n^{\mathrm{b}},P_n} \sum_{n=1}^{N}\sum_{k=1}^{K} \mu_{k,n}^{\mathrm{e}} c_n \tag{4-16}$$

$$\mathrm{s.t.} \quad \sum_{n=1}^{N} \mu_n^{\mathrm{b}} c_n \geqslant R_0 \tag{4-17}$$

$$\sum_{n=1}^{N} P_n \leqslant P, \quad P_n \geqslant 0, \quad \forall n \tag{4-18}$$

$$\mu_n^b + \mu_{k,n}^e \leqslant 1, \quad \forall n,k, \quad \mu_n^b \in \{0,1\}, \quad \mu_{k,n}^e \in \{0,1\} \tag{4-19}$$

式中，约束条件式(4-17)为多播基本层数据的最小速率要求，R_0 为多播业务最小速率门限；式(4-18)为系统的功率约束，P 为系统总功率；式(4-19)为子载波分配的约束条件，即任意子载波只能用于传输基本层多播业务或传输增强层多播业务。

下节进而针对上述多播系统分层资源分配问题提出低复杂度求解算法，其基本思想是首先通过最少的子载波分配满足基本层的最小速率要求，进而将剩余未分配的子载波赋予信道增益较大(即增强层)的若干个用户，最后调整功率以提高增强层的和速率。

4.3.3 分层资源分配问题求解

上述资源分配问题中包括连续变量和离散变量，因此最优解求解算法复杂度较高。考虑到实际应用中的复杂度要求，本节实现一种基于分层传输的低复杂度资源分配算法，该算法采用与传统资源分配算法两步法相同的分配方式，基本思路如下。

首先进行子载波分配，分别针对基本层和增强层数据进行子载波分配，根据基本层传输速率需求对基本层分配子载波，然后将剩余子载波分配给增强层。

功率分配阶段在所有子载波之间调整功率，在满足基本层传输速率需求的条件下最大化增强层数据的和速率。根据子载波分配后基本层速率是否被满足分两种情况进行功率分配，如基本层速率未满足需求，则通过功率分配进一步提高基本层速率。如基本层速率大于需求速率 R_0，则通过减少基本层功率的方式调整基本层速率至需求速率 R_0，并将节省功率分配至增强层，通过拉格朗日方法最大化增强层吞吐量。

1. 子载波分配

在子载波分配过程中，假定各子载波上功率平均分配，将子载波分配给基本层数据和增强层数据。子载波分配过程包括两个部分，基本层子载波分配和增强层子载波分配。子载波分配过程中首先针对基本层多播数据分配子载波，以保证基本层的速率需求，然后把剩余的子载波分配给增强层。

1）基本层子载波分配

由于基本层是针对所有用户传输，因此基本层子载波的传输速率受限于最差用户的信道容量。在针对基本层的子载波分配中，为了以尽可能少的子载波满足基本层的最小速率要求，每一步的子载波分配准则为：选择能够将基本层多播速率提高得最多的子载波，直到基本层多播业务获得足够多的子载波，能够满足其最小速率要求。

基本层子载波分配算法的具体步骤如下：

基本层子载波分配算法

1. 初始化，$\mu_n^b = 0, \mu_{k,n}^e = 0, \Omega_b = \varnothing, \Omega_e = \varnothing, S = \{1, 2, \cdots, N\}$

2. 遍历所有满足 $\mu_n^b = 0$ 的待分配子载波，对于其中子载波 n，选择对应的多播速率最大的子载波 $n^* = \arg\max_n c_n^b, n \in \left\{\mu_n^b = 0\right\}$

3. $\Omega_b = \Omega_b \bigcup \{n^*\}, S = S - \{n^*\}, \mu_{n^*}^b = 1, R^b = \sum_n \mu_n^b c_n(p_n)$

4. 若 $R^b < R_0$ 且 $\sum_n \mu_n^b < N$，返回 2，继续基本层子载波分配；否则，结束基本层子载波分配

2）增强层子载波分配

在确定了基本层的子载波分配后，为了提高优化目标增强层多播数据和速率，将系统中的剩余子载波分配给增强层。最大化增强层数据的和容量等价于最大化每个增强层子载波上用户的和容量，因此增强层子载波的分配准则为保证每个子载波上的用户和容量最大。因此，增强层子载波 n 上各用户的容量降序排列为 $c_{1,n}$，$c_{2,n}$，$\cdots$，$c_{K,n}$，当子载波 n 上传输速率为 $c_{k,n}$ 时，容量序列中 $k' < k$ 的用户由于传输速率小于用户容量，即 $c_{k',n} > c_{k,n}$，因此能够正确接收到数据。能够正确接收的用户个数为 k，多播组中用户和容量为 $R_n = k \cdot c_{k,n}$。

因此确定子载波 n 上传输速率时，选择使得 R_n 最大的用户的容量。当子载波 n 上的传输速率确定后，该子载波上能够正确接收的用户随之确定。

增强层子载波分配算法具体如下：

增强层子载波分配算法

1. $\{k_n\} = \underset{\{k\}}{\arg\max}\, R_n, n \in S$

2. $\mu^e_{k,n} = 1$，$k > k_n$ 且 $S = S - \{n\}$

3. 若 $S \neq \varnothing$，返回 1，继续增强层子载波分配；否则，结束增强层子载波分配

子载波分配算法流程如图 4-2 所示。

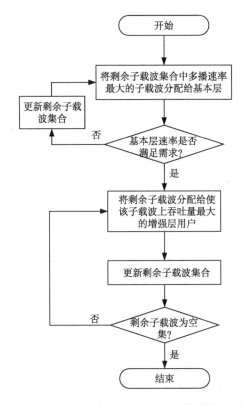

图 4-2　分层资源分配子载波分配算法流程图

这种等功率下的子载波分配称为等功率子载波分配（equal power-based subcarrier allocation for layered transmission，EPSA-L）算法。

2. 功率分配

子载波分配结果可能出现两种情况：①基本层速率未满足速率需求，此时所有子载波均被分配给基本层，增强层未被分配子载波，但基本层速率仍然小于 R_0。②基本层速率满足速率需求，$R^b>R_0$，部分子载波被分配给基本层，剩余子载波被分配给增强层。针对这两种情况，功率分配阶段的目的也不相同。

基本层速率未满足需求时，目标函数的限制条件(4-17)未满足，此时功率分配阶段只涉及基本层功率分配，功率分配的目标为调整各子载波上加载的功率，进一步提高基本层速率。

基本层速率满足需求时，功率分配的目标为在子载波之间调整功率，使得在满足基本层最小速率要求的同时，进一步提高增强层的和速率。此时功率的调整分为两步，首先在保证基本层多播业务基本速率的前提下，降低分配给基本层多播业务的子载波上的功率；然后将这部分功率分配给增强层多播业务，根据注水定理，重新调整增强层子载波上的功率分配。

定义 P_T^b 和 P_T^e 分别表示基本层总功率和增强层总功率，由于在子载波阶段各子载波上功率平均分配，功率分配前 P_T^b 和 P_T^e 的初始值为

$$P_T^b = \sum_n \mu_n^b P_T / N, \quad P_T^e = P_T - P_T^e \tag{4-20}$$

1)基本层速率未满足需求

由于在子载波分配阶段，基本层子载波分配的终止条件是已分配的基本层子载波上的和速率大于等于基本层速率需求，$R^b \geqslant R_0$ 或 $\sum_{n=1}^{N} \mu_n^b = N$。若子载波分配后基本层速率仍未满足需求，此时所有子载波均分配为基本层传输，$\sum_{n=1}^{N} \mu_n^b = N$。此时功率分配阶段仅需要针对基本层数据进行，其目的是调整各子载波上的功率以最大化基本层传输速率。功率分配优化问题可以表示如下：

$$\max_{P_n} \sum_{n=1}^{N} \mu_n^b \log_2\left(1+\alpha_n P_n\right) \tag{4-21}$$

$$\text{s.t.} \quad \sum_{n=1}^{N} P_n = P_T \tag{4-22}$$

基本层功率分配问题与第 3 章 3.3 节多播组间资源分配的功率分配问题类似，可采用拉格朗日乘子法求解，定义拉格朗日函数为

$$L(P_1, P_2, \cdots, P_N) = \sum_{n=1}^{N} \mu_n^b \log_2\left(1 + \alpha_n P_n\right) - \lambda\left(\sum_{n=1}^{N} P_n - P_T\right) \tag{4-23}$$

式中，λ 为拉格朗日乘子。每个子载波上的传输功率的最优解应满足 $\partial L/\partial P_n = 0$。因此，子载波 n 上所分配的功率 P_n 可以表示为

$$P_n = \max\left\{\frac{1}{\lambda \ln 2} - \frac{1}{\alpha_n}, 0\right\} \tag{4-24}$$

拉格朗日乘子 λ 的值可通过将各子载波上的功率 P_n 代入总功率限制条件 $\sum_{n=1}^{N} P_n = P_T$ 后求得。可以看到求解方法实际就是注水定理的一种变形，根据每个子载波上最差用户的信道状态进行注水。

2) 基本层速率满足需求

当子载波分配后基本层速率满足最小速率需求，即 $R^b > R_0$ 且 $\sum_{n=1}^{N} \mu_n^b < N$，此时子载波中一部分被分配给基本层，剩余部分分配给增强层。

由于子载波分配阶段各子载波上功率平均分配，显然子载波分配后的目标函数并非最优。功率分配阶段需要为基本层子载波和增强层子载波分别进行功率分配。功率分配阶段基本层子载波上的功率分配目的是在满足基本层速率需求的条件下进一步调整基本层子载波上的功率，使得基本层速率恰好为 R_0。这种情况下功率分配问题可建模如下：

$$\min \sum_{n=1}^{N} \mu_n^b P_n \tag{4-25}$$

$$\text{s.t.} \ \sum_{n=1}^{N} \mu_n^b \log_2\left(1 + \alpha_n P_n\right) = R_0 \tag{4-26}$$

可以看出这个最优化问题是注水问题的对偶问题。同注水问题相似，上述问题也可以通过拉格朗日乘子法求得，定义拉格朗日函数为

$$L(\lambda, P_1, P_2, \cdots, P_n) = \sum_{n=1}^{N} \mu_n^b P_n - \lambda\left[\sum_{n=1}^{N} \mu_n^b \log_2\left(1 + \alpha_n P_n\right) - R_0\right] \tag{4-27}$$

需要注意的是，拉格朗日函数左侧形式上虽然包括所有子载波上的功率

$P_n (n=1,2,\cdots,N)$，但是由于增强层子载波 $\mu_n^{\mathrm{b}} = 0$，右侧中不包含增强层子载波上的功率。

将拉格朗日函数对 P_n 求偏导，可得

$$\frac{\partial L}{\partial P_n} = \mu_n^{\mathrm{b}} - \frac{\lambda \mu_n^{\mathrm{b}}}{\ln 2} \frac{\alpha_n}{1 + \alpha_n P_n} \tag{4-28}$$

可以看出，对于基本层子载波（$\mu_n^{\mathrm{b}} = 1$），最优功率分配应满足 $\partial L / \partial P_n = 0$，即

$$1 - \frac{\lambda}{\ln 2} \frac{\alpha_n}{1 + \alpha_n P_n} = 0 \tag{4-29}$$

由式 (4-29) 可得，基本层子载波（$\mu_n^{\mathrm{b}} = 1$）上所分配的功率可表示如下：

$$P_n = \frac{\lambda}{\ln 2} - \frac{1}{\alpha_n} \tag{4-30}$$

将所有基本层功率 P_n（$\mu_n^{\mathrm{b}} = 1$）代入基本层子载波速率限制条件式 (4-26)，可求得 λ 的值，进而将 λ 代入式 (4-30) 中得到所有基本层子载波上的功率分配。

基本层子载波功率调整后，与初始等功率分配相比，基本层子载波节省下的功率为 $P^{\mathrm{s}} = P_T^{\mathrm{b}} - \sum_{n=1}^{N} \mu_n^{\mathrm{b}} P_n$。将该部分功率分配给增强层多播业务，考虑到增强层子载波初始等功率分配，基本层功率分配后增强层部分的总功率为

$$P_T^{\mathrm{e}} = \left(N - \sum_{n=1}^{N} \mu_n^{\mathrm{b}} \right) \frac{P_T}{N} + P^{\mathrm{s}} \tag{4-31}$$

对于增强层子载波上的功率分配采用最大和速率最佳功率分配算法，目标函数可表示为

$$\max_{P_n} \sum_{n=1}^{N} \sum_{k=1}^{K} \mu_{k,n}^{\mathrm{e}} \log_2 \left(1 + \frac{\left| \boldsymbol{h}_{k_n,n} \right|^2 P_n}{N_0 B_0} \right) \tag{4-32}$$

$$\text{s.t.} \quad \sum_{n=1}^{N} (1 - \mu_n^{\mathrm{b}}) P_n = P_T^{\mathrm{e}} \tag{4-33}$$

增强层功率分配问题的求解可以采用拉格朗日乘子法，定义拉格朗日函数为

$$L = \sum_{n=1}^{N} k_n \cdot B_0 \log_2 \left(1 + \frac{\boldsymbol{h}_{k_n,n}^2 P_n}{N_0 B_0} \right) - \lambda \left[\sum_{n=1}^{N} (1 - \mu_n^{\mathrm{b}}) P_n - P_T^{\mathrm{e}} \right] \tag{4-34}$$

式中，λ 为拉格朗日乘子。每个子载波上的传输功率的最优解应满足 $\partial L/\partial P_n=0$。因此，子载波 n 上所分配的功率 P_n 可以表示为

$$P_n = \max\left\{\frac{k_n}{\lambda(1-\mu_n^{\mathrm{b}})\ln 2} - \frac{N_0 B_0}{\boldsymbol{h}_{k_n,n}^2}, 0\right\} \tag{4-35}$$

拉格朗日乘子 λ 的值可通过将各子载波上的功率 P_n 代入总功率限制条件 $\sum_{n=1}^{N}(1-\mu_n^{\mathrm{b}})P_n = P_T^{\mathrm{e}}$ 后求得。

这种功率分配算法不同于注水功率分配，由于每个增强层子载波上所分配的多播用户数不同，每个子载波上注水的高度不同。功率分配的流程图如图 4-3 所示。

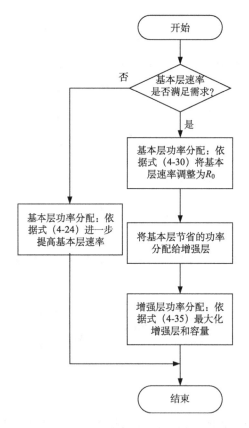

图 4-3　功率分配流程图

联合子载波分配和功率分配，可以得到基于分层的最优资源分配(optimal subcarrier and power allocation for layer transmission, OSPA-L)算法。

4.3.4　仿真结果及分析

仿真中设定的系统及环境参数为：子载波数 N=64，用户数 M=16，系统带宽为 B=1MHz，基站发射功率为 1W，初始基本层最小速率要求为 60kb/s。信道为瑞利衰落信道，加性高斯白噪声的功率谱密度为−80dBW/ Hz。

图 4-4～图 4-6 对本节中所提出的 EPSA-L/OSPA-L 算法下系统基本层吞吐量和增强层吞吐量性能进行了仿真，验证了子载波分配和功率分配给多播系统所带来的性能增益。

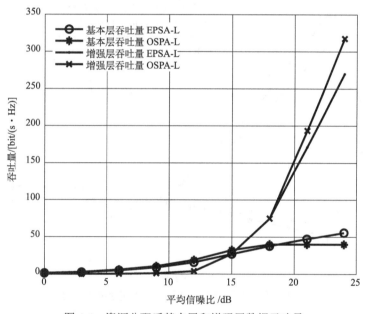

图 4-4　资源分配后基本层和增强层数据吞吐量

图 4-4 显示了随着信噪比增大时两种算法下系统基本层和增强层吞吐量的变化。基本层吞吐量定义为基本层传输速率和多播组中用户数的乘积。可以看出，当基本层数据未达到传输速率需求时，增强层吞吐量近似为 0，此时无子载波被分配给增强层数据。当基本层达到传输速率需求后，随着信噪比的增大，增强层吞吐量迅速增加。子载波分配后基本层速率未满足需求时(信噪比小于 18dB)，功率分配增加了基本层速率。此时增强层由于没有分配到子载波，因此不需要再进行功率分配。当子载波分配后用户基本层速率需求满足后，通过功率调整将基本

层速率调整为 R_0,且能够进一步增加增强层吞吐量。

　　图 4-5 中仿真了基本层和增强层的数据吞吐量随基本层速率需求 R_0 的变化。可以看出在基本层速率需求 R_0 较低时,基本层速率需求能够达到,此时基本层吞吐量等于基本层速率和用户数的乘积,功率分配的作用是将子载波分配后基本层速率调整为基本层速率需求。当基本层速率需求 R_0 较大时($R_0>3$bit/s 时),子载波分配后仍无法满足基本层需求,此时功率分配的作用为进一步提高基本层速率。随着基本层速率需求 R_0 的升高,基本层所占据的子载波数增加,而相应的增强层所分配的子载波数减少,因此增强层吞吐量随 R_0 的升高急剧下降。

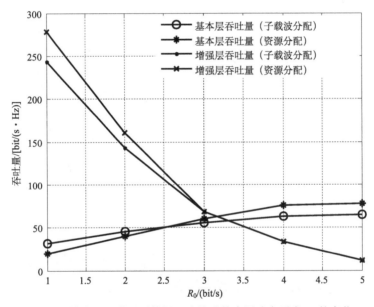

图 4-5　基本层和增强层数据吞吐量随基本层速率需求 R_0 的变化

　　图 4-6 仿真了 EPSA-L、OSPA-L、FSPA-L 三种资源分配算法时中断概率随基本层速率需求 R_0 的变化。当资源分配后的基本层速率不能满足基本层速率需求,中断发生。FSPA-L 为固定资源分配方法,系统为基本层和增强层分配固定个数的子载波,此处基本层分配的子载波比例为 0.5。显然,EPSA-L 和 OSPA-L 两种算法的中断概率远小于 FSPA-L 算法,且 OSPA-L 算法性能最优。随基本层信噪比需求 R_0 的增大,EPSA-L 和 OSPA-L 两种算法中为基本层分配更多的子载波,因此能够获得较低的中断概率。而 FSPA-L 算法为基本层分配固定个数的子载波,因此基本层所能达到的最大速率不变,当增强层速率需求升高时,中断概率也随之变大。

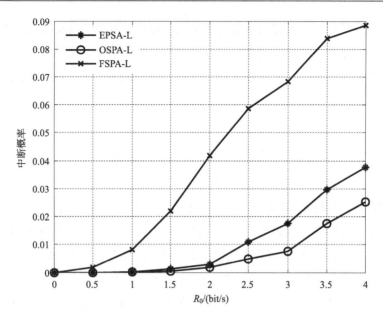

图 4-6 中断概率随基本层速率需求 R_0 的变化

图 4-7 仿真了随着信噪比增大基本层和增强层数据所分配的子载波数,子载波总数为 8。可以看出低信噪比条件下,所有子载波都被分配给基本层数据,

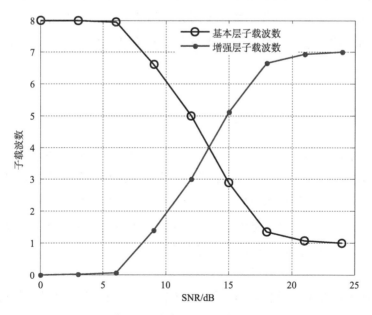

图 4-7 信噪比增大时基本层和增强层数据所分配的子载波数

随着信噪比的升高，基本层所分配的子载波个数逐渐减少。信噪比大于 20dB 时，为基本层分配一个子载波即可满足基本层需求。而相应地，当信噪比很低时，无子载波被分配给增强层。随着信噪比的升高，越来越多的子载波被分配给增强层数据。

4.4　单天线系统组内资源分配

4.3 节中针对单组多播系统吞吐量进行优化，将数据编码为基本层和增强层，在满足基本层速率需求的条件下最大化增强层吞吐量。本节针对 OFDMA 的多播系统中子载波上传输速率受限于该子载波上最差用户的速率瓶颈，采用组内资源分配方法提高系统传输速率。在考虑用户之间不同速率需求的前提下，对多播组内用户进行子载波和功率分配，来最大化多播系统归一化速率。在子载波分配中利用每个子载波上多播用户之间的多用户分集，为每个子载波分配多个信道状态较好的用户以提高每个子载波上的传输速率，突破了子载波上的传输速率受限于最差用户的传输速率瓶颈[12, 13]。从用户端来说，为每个用户分配适合的子载波，用户接收多个子载波上的数据联合译码后获得原信息。功率分配阶段中采用基于梯度的功率分配算法对各子载波上所分配的功率做局部优化，将功率分配结果向最差用户的梯度方向旋转，以求得多播系统中最差用户的归一化速率的局部最优解。

4.4.1　系统场景与建模

考虑一个包含 M 个用户的多播组，如图 4-8 所示。发射端和所有用户均配备单天线。假定基站端已知所有用户的信道状态，基站端根据信道状态和用户的 QoS 需求进行子载波分配和功率分配，并将分配结果告知多播用户。根据子载波分配和功率分配的结果，发射端将数据从多个子载波上送出。用户根据子载波分配结果在指定的子载波上接收数据，然后对多个子载波上的接收数据进行联合译码，得到原始数据。

多播业务占用 N 个子载波，$h_{i,n}$ 表示第 i 个用户在第 n 个子载波上的信道增益，每个用户经历块衰落平稳信道，即每次传输时信道状态保持不变，这次传输和下次传输信道状态相互独立。并且假设在资源分配过程中信道状态保持不变，不同用户的信道状态相互独立。

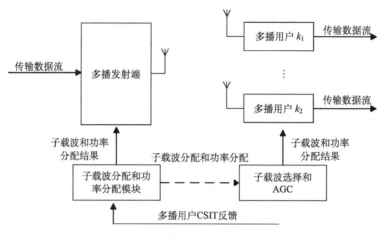

图 4-8 单天线单组多播系统框图

4.4.2 归一化速率推导

每个子载波具有相同的带宽 B_0，$B_0=B/N$。由香农信道容量公式可知，第 i 个用户在第 n 个子载波所能达到的系统容量 $c_{i,n}$ 可表示为

$$c_{i,n} = B_0 \log_2 \left(1 + \frac{\left| \boldsymbol{h}_{i,n} \right|^2 P_n}{N_0 B_0} \right) \tag{4-36}$$

式中，N_0 表示噪声的单边功率谱密度；P_n 表示第 n 个子载波上分配的功率，且满足 $\sum_{n=1}^{N} P_n = P_{\max}$，$P_{\max}$ 为系统总功率。

定义子载波分配变量 $\rho_{i,n}$ 来表示第 n 个子载波是否分配给第 i 个用户。如果 $\rho_{i,n}=1$，则表示第 n 个子载波分配给第 i 个用户。如果 $\rho_{i,n}=0$，则表示第 n 个子载波没有分配给第 i 个用户。

第 n 个子载波上传输速率 c_n 取决于它上面所分配用户中的最小速率，即

$$c_n = \min_{i \in \Omega_n} c_{i,n} \tag{4-37}$$

式中，集合 $\varOmega_n$ 为第 n 个子载波上所分配的用户的集合，即 $\varOmega_n = \left\{ i \middle| \rho_{i,n} = 1, i \in \{1, \cdots, M\} \right\}$。

第 i 个用户的速率为分配给用户 i 的子载波上传输速率的和，因此可表示为

$$R_i = \sum_{n=1}^{N} \rho_{i,n} c_n = \sum_{n \in \Theta_i} c_n = \sum_{n \in \Theta_i} \min_{i \in \varOmega_n} c_{i,n} \tag{4-38}$$

式中，Θ_i 表示第 i 个用户所占用的子载波的集合，即 $\Theta_i = \left\{ n \middle| \rho_{i,n} = 1, n \in \{1, \cdots, N\} \right\}$。用户 i 根据集合 Θ_i 中指定的子载波接收数据。

由于多播组内的用户可能具有不同的传输速率需求，R_{req}^i 是第 i 个用户的最小传输速率，定义第 i 个用户的归一化速率为

$$\overline{R}_i = R_i / R_{\text{req}}^i = \frac{1}{R_{\text{req}}^i} \sum_{n=1}^{N} \rho_{i,n} \min_{i \in \varOmega_n} B_0 \log_2 \left(1 + \frac{\left| \boldsymbol{h}_{i,n} \right|^2 P_n}{N_0 B_0} \right) \tag{4-39}$$

定义多播业务（系统）的归一化速率为所有用户中最小的归一化速率，$\overline{R} = \min_i \overline{R}_i$。多播业务的归一化速率决定了多播业务的性能。

4.4.3　组内资源分配问题描述

本节通过子载波分配和功率分配来最大化多播业务的归一化速率，即 $\max_{\rho_{i,n}, P_n} \min_i \overline{R}_i$。综上，最优化问题可以表示如下：

$$\max_{\rho_{i,n}, P_n} \min_i \frac{1}{R_{\text{req}}^i} \sum_{n=1}^{N} \rho_{i,n} \min_{i \in \varOmega_n} B_0 \log_2 \left(1 + \frac{\left| \boldsymbol{h}_{i,n} \right|^2 P_n}{N_0 B_0} \right) \tag{4-40}$$

$$\text{s.t.} \quad \sum_{n=1}^{N} P_n \leqslant P_{\max} \tag{4-41}$$

$$\rho_{i,n} \in \{0,1\} \tag{4-42}$$

限制条件(4-41)声明了总功率限制。

比较本节的目标函数和 3.3 节的目标函数，可以看出本节的限制条件中并无式(3-11)的子载波分配约束。这是由于 3.3 节考虑组间资源分配，每个子载波只能为一个多播组服务，而本节考虑多播组内资源分配，所有用户接收相同的数据，因此每个子载波可以分配给多个用户。

4.4.4　基于多用户分集的资源分配

由于上述最优化问题(式(4-40))是一个包含连续变量 P_n 和离散变量 $\rho_{i,n}$ 的最优化问题，最优求解算法复杂度过高。本章中提出一个低复杂度的次优算法，同传统的资源分配方式一样，通过子载波和功率的独立分配，来降低最优化问题中变量的数量。在子载波分配中，假定各子载波上功率平均分配，初始分配时为每个子载波分配它上面信道最好的用户，而后的每次迭代中，为速率最小的用户分配子载波，使得分配后最差用户容量最大。功率分配中，将 N 个子载波上的功率分配结果视同一个 $N×1$ 的向量，采用一种基于梯度的迭代功率分配方法，每次迭代后将功率分配向量往最差用户的梯度方向旋转，以取得功率分配的局部最优解。

1. 子载波分配

为了降低运算复杂度，在子载波分配时，假定各子载波上的发射功率 P_n 平均分配，$P_n = P_{\max}/M$，此时最优化问题简化如下：

$$\max_{\rho_{i,n}} \min_i \frac{1}{R_{\text{req}}^i} \sum_{n=1}^N \rho_{i,n} \min_{i \in \Omega_n} B_0 \log_2 \left(1 + \frac{|h_{i,n}|^2 P_{\max}}{MN_0 B_0} \right) \tag{4-43}$$

$$\text{s.t.} \quad \rho_{i,n} \in \{0,1\} \tag{4-44}$$

求解子载波分配的最优算法是对子载波分配变量 $\rho_{i,n}$ 的 $2MN$ 个可能取值进行遍历，取得多播业务的归一化速率 $\overline{R}$ 的最大值以及此时的子载波分配情况。但是遍历过程中，一些子载波分配结果没有必要搜索。在子载波 n 上所有用户的容量为 $c_{1,n}$, $c_{2,n}$, $\cdots$, $c_{M,n}$，假设 $c_{i,n}$ 是升序排列的，如果子载波 n 已分配给第 k 个用户，则对于第 $i(i>k)$ 个用户，由于 $c_{i,n}>c_{k,n}$，用户 i 同样能够接收速率为 $c_{k,n}$，子载波 n 应同样分配给第 i 个用户。因此，对于子载波 n 来说，存在 M 种分配方式，多播系统的子载波分配共有 M^N 种可能。显然，这种搜索仍然需要复杂的计算，而且随着子载波数的增加，计算量指数增加。

基于以上考虑，本节提出一种低复杂度的子载波分配(subcarrier allocation with equal power, SA-EP)算法。子载波分配算法具体描述如下：

子载波分配算法

1. 初始化

a) $S_n = \{i^* \mid i^* = \arg\max\limits_{i \in \{1,\cdots,M\}} c_{i,n}\}$，如果 $i \in S_n$，则 $\rho_{i,n} = 1$，否则 $\rho_{i,n} = 0$

b) $\Omega_n = S_n$，$\Theta_n = \{n \mid \rho_{i,n} = 1, n \in \{1,\cdots,N\}\}$，$j=1$

c) 计算各用户的归一化速率 $\bar{R}_i$ 和多播业务的归一化速率 $\bar{R}(j)$，$j=j+1$

2. 循环至 $\Theta_i = \{1,\cdots,N\}$，$i \in \{1,2,\cdots,M\}$

a) 找出归一化速率最小的用户集合，$T = \{i \mid i = \arg\min \bar{R}_i, i \in \{1,\cdots,M\}\}$

b) 如果 $|T| > 1$

i) 对于所有 $i \in T$，且 $n \in \{1,\cdots,N\} \setminus \Theta_i$，找出 $(i^*, n^*) = \arg\max\limits_{i,n} c_{i,n}$

ii) $\rho_{i^*,n^*} = 1$

c) 否则

i) 令 $i^* = i \in T$，对于 $n \in \{1,\cdots,N\} \setminus \Theta$，找出 $n^* = \arg\max\limits_n c_{i^*,n}$

ii) $\rho_{i^*,n^*} = 1$

d)

i) 找出 $U = \{i \mid c_{i,n^*} > c_{i^*,n^*}, i \in \{1,\cdots,M\} \setminus \Omega_n\}$，

ii) $\rho_{i,n^*} = 1$，对于 $i \in U$

e) 更新 $\Omega_{n^*} = \Omega_{n^*} \cup \{i^*\} \cup U$，$\Theta_{i^*} = \Theta_i \cup \{n^*\}$，并且 $\Theta_i = \Theta \cup \{n^*\}$，对于 $i \in U$

f) 更新 $R_i = \sum\limits_{n \in \Theta_i} \min\limits_{i \in \Omega_n} c_{i,n}$，$\bar{R}_i = R_i / R_{\text{req}}^i$，以及 $\bar{R}(j) = \min\limits_i \bar{R}$，$\Lambda(j) = [\rho_{i,n}]$ 且

$j = j + 1$

3. 循环结束后 $\bar{R}(j)$ 中最大的元素即所求的系统归一化速率，该元素所对应的矩阵 Λ 的值即归一化速率最大时的子载波分配索引

　　上述子载波分配的思路如下：初始化阶段，将每个子载波分配给这个子载波上速率最大的用户，计算此时的多播业务的归一化速率 $\bar{R}$。接下来的每次循环中选择归一化速率最小的用户，在未分配给这个用户的子载波集中选择对这个用户速率最大的子载波，分配给这个用户，这样保证每次分配多播业务的增量最大。并不是每次进行子载波分配都能够提高多播业务的归一化速率，当所有的子载波都被分配给所有用户后，然后在求得的系统归一化速率中求得最大

值，这个最大值即最优的归一化速率，最大值对应的子载波分配结果即最优的子载波分配。

同时建立一个矩阵数组 Λ，数组中每一个元素为每次分配后 $M \times N$ 维子载波分配索引矩阵 $[\rho_{i,n}]$（该矩阵中的每一个元素为对应的子载波分配索引 $\rho_{i,n}$）。归一化速率的最大值得到后，矩阵 Λ 对应的元素即子载波分配结果。

子载波分配算法流程图如图 4-9 所示。算法每次迭代中需要重新计算归一化速率(4-39)，当系统子载波数固定时，最大的循环次数为 $(M-1)N$ 次。本节所提出的低复杂度子载波分配算法的算法复杂度为 $O(MN)$，复杂度远低于子载波穷举算法的复杂度 $O(M^N)$。

2. 功率分配

子载波分配后，功率分配问题可以表示如下：

$$\max_{P_n} \min_i \frac{1}{R_{\text{rep}}^i} \sum_{n=1}^{N} \rho_{i,n} \min_{i \in \Omega_n} B_0 \log_2 \left(1 + \frac{|\boldsymbol{h}_{i,n}|^2 P_n}{N_0 B_0}\right) \tag{4-45}$$

$$\text{s.t.} \quad \sum_{n=1}^{N} P_n \leqslant P_{\max} \tag{4-46}$$

由于一条链路上的发射功率和带宽确定时，信道容量仅仅取决于这条链路信道增益的大小，因此可将上述功率分配问题变形为

$$\max_{P_n} \min_i \frac{1}{R_{\text{rep}}^i} \sum_{n \in \Theta_i} B_0 \log_2 \left(1 + \frac{\min\limits_{i \in \Omega_n} |\boldsymbol{h}_{i,n}|^2}{N_0 B_0} P_n\right) \tag{4-47}$$

$$\text{s.t.} \quad \sum_{n=1}^{N} P_n \leqslant P_{\max} \tag{4-48}$$

令 α_n 表示子载波 n 上所分配的用户的最小信道增益，$\alpha_n = \dfrac{\min\limits_{i \in \Omega_n} |\boldsymbol{h}_{i,n}|^2}{N_0 B_0}$，则式 (4-39) 可转化为

$$\bar{R}_i = \frac{1}{R_{\text{rep}}^i} \sum_{n \in \Theta_i} B_0 \log_2 (1 + \alpha_n P_n) = \frac{1}{R_{\text{rep}}^i} \sum_{n=1}^{N} \rho_{i,n} B_0 \log_2 (1 + \alpha_n P_n) \tag{4-49}$$

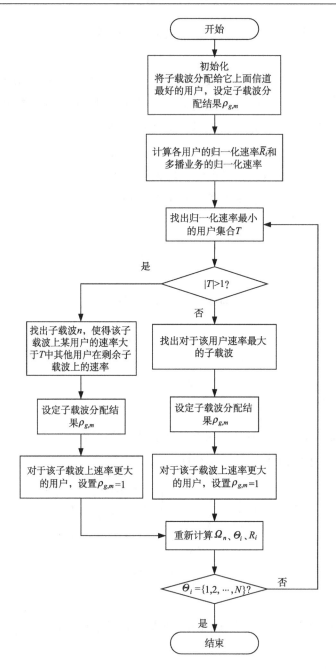

图 4-9　子载波分配算法流程图

功率分配问题(4-47)可简化为

$$\max_{P_n} \min_i \frac{1}{R_{\text{rep}}^i} \sum_{n \in \Theta_i} B_0 \log_2(1 + \alpha_n P_n) \tag{4-50}$$

$$\text{s.t.} \quad \sum_{n=1}^N P_n \leqslant P_{\max} \tag{4-51}$$

将各子载波上分配的功率用向量表示如下：向量 $\boldsymbol{P} = (P_1, P_2, \cdots, P_N)^{\mathrm{T}}$。由于子载波分配之后，系统的归一化速率取决于每个子载波上分配的功率，因此系统归一化速率可表示为功率向量 $\boldsymbol{P}$ 的函数，即 $\overline{R} = f(\boldsymbol{P})$。

式(4-49)中，对 P_n 取偏导数可得

$$\frac{\partial \overline{R}_i}{\partial P_n} = \frac{\rho_{i,n} B_0}{R_{\text{rep}}^i \ln 2} \frac{\alpha_n}{1 + \alpha_n P_n} \tag{4-52}$$

基于梯度的功率分配(power allocation based on gradient，PAG)算法具体步骤表述如下：

基于梯度的功率分配算法

1. 初始化，$P_n = P_{\max}/N$, $n = 1, \cdots, N$, $t = 0$, $\boldsymbol{P}^{(0)} = (P_1, P_2, \cdots, P_n)$

2. 循环

a) 根据初始功率分配以及式(4-49)计算 $\overline{R}^{(0)}$ 和 $\overline{R}_i^{(0)}$，$i = 1, \cdots, M$

b) 选择 $\tilde{i} = \arg\min_i \overline{R}_i$

c) $\boldsymbol{P}_{\text{temp}}^{(t+1)} = \boldsymbol{P}^{(t)} + \mu \nabla_{\boldsymbol{P}} \overline{R}_{\tilde{i}}$

d) $\boldsymbol{P}^{(t+1)} = \boldsymbol{P}_{\text{temp}}^{(t+1)} \Big/ \left\| \boldsymbol{P}_{\text{temp}}^{(t+1)} \right\|_1$

e) 根据功率分配矢量 $\boldsymbol{P}^{(t+1)}$ 及式(4-49)计算 $\overline{R}^{(t+1)}$ 和 $\overline{R}_i^{(t+1)}$

f) $t = t+1$

g) 如果 $\overline{R}^{(t+1)} < \overline{R}^{(t)}$，循环终止

基于梯度的功率分配算法流程图如图 4-10 所示。

由于功率分配问题(4-50)不是凸函数，所以无法求得问题的全局最优解，只能从初始功率分配出发通过迭代求得局部最优解，此处初始功率分配为各子载波平均分配，$P_n = P_{\max}/N$。本节针对上述功率分配问题提出一种基于梯度的功率分配算法，用梯度法来求解上述最优化问题。

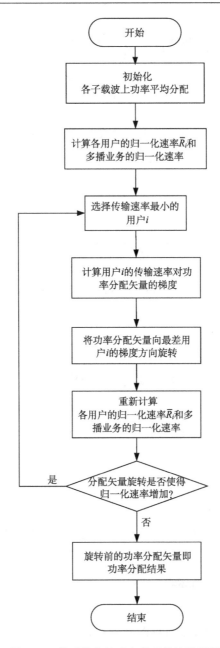

图 4-10　基于梯度的功率分配算法流程图

基于梯度的功率分配(PAG)算法的思想是将各子载波上的功率分配视为一个功率分配矢量,每次迭代后选择归一化速率最小的用户,然后将功率矢量向最小用户的归一化速率的梯度方向旋转以增大最小用户的归一化速率,接着将旋转后的功率矢量进行缩放，使得总功率保持不变，直到再次迭代不能使系统归一化速率增加为止。由于优化问题的非凸特性，这样搜索也能够搜索到平均功率分配周围的第一个极大值，但并不一定能搜索到功率分配的全局最优解。

4.4.5　仿真结果及分析

在仿真场景中，假设发射端和所有用户之间的信道遵循准静态独立同分布，即在每次传输过程中信道状态保持不变，相邻两次传输中信道独立变化，且相邻子载波上的信道系数独立变化。假定所有用户具有相同的 QoS 需求，即所有用户具有相同的速率要求。对以下四种资源分配方案进行仿真分析。

方案一（LSGA）：传统多播方案中不进行组内资源分配，每个子载波上承载所有用户，各子载波平均分配功率。此时每一个子载波上数据的发射速率都取决于该子载波上所有用户中最差用户的信道容量。文献[3]中称这种传输方式为 LSGA（least subchannel gain allocation）。

$$c_n = \min_{i=1,\cdots,N} c_{i,n} \tag{4-53}$$

因此，系统归一化容量可以表示如下：

$$
\begin{aligned}
\bar{R} &= \min_i \frac{1}{R_{\mathrm{req}}^i} \sum_{n=1}^N \min_i c_{i,n} \\
&= \min_i \frac{B_0}{R_{\mathrm{req}}^i} \sum_{n=1}^N \log_2\left(1 + \frac{P_n \min_i |h_{i,n}|^2}{N_0 B_0}\right)
\end{aligned}
\tag{4-54}
$$

方案二（SA-EP）：在各子载波功率平均分配的情况下，进行子载波分配。

方案三（SA-EP LPA）：假设各子载波上功率平均分配，先进行子载波分配，然后根据每个子载波上所分配用户集中的最差用户性能进行功率分配。

这种方案中，功率分配可采用拉格朗日方法求解。定义拉格朗日方程为

$$L = \sum_{n=1}^N B_0 \log_2(1 + \alpha_n P_n) - \lambda\left(\sum_{n=1}^N P_n - P_{\max}\right) \tag{4-55}$$

最优解可通过对拉格朗日方程求偏微分 $\partial L / \partial P_n = 0$ 得到。每个子载波上的功率应满足以下条件：

$$\frac{\partial L}{\partial P_n} = \frac{1}{\ln 2}\frac{\alpha_n}{1+\alpha_n P_n} - \lambda = 0 \tag{4-56}$$

对式(4-56)变形后可知，子载波 n 上所分配的功率 P_n 应满足以下条件：

$$P_n = \max\left\{\frac{1}{\lambda \ln 2} - \frac{1}{\alpha_n}, 0\right\} \tag{4-57}$$

λ 的值可通过将 P_n 代入功率限制条件 $\sum_{n=1}^{N} P_n = P_{max}$ 中求得。这种功率分配方式我们称为基于拉格朗日方法的功率分配(Lagrange method based power allocation, LPA)。这种方式实质上是注水定理的一种改进，针对每个子载波上最差用户的信道状态进行注水功率分配，并未考虑到每个子载波上的其他用户的性能。

方案四(SA-EP PAG)：本节资源分配算法。先假设子载波间功率平均分配，进行子载波分配。然后根据子载波分配的结果，采用基于梯度的功率分配方式进行功率分配。

图 4-11 仿真了三种子载波分配算法时用户传输速率随发射端平均信噪比的变化，分别是无子载波分配(LSGA)、子载波穷举法(最优算法)和本节中所提出的子载波算法(SA-EP)。由图 4-11 可以看出，系统经过子载波分配的用户传输速率远大于未经子载波分配，并且本节中所提出的低复杂度的子载波分配算法与穷举法得到的最佳子载波分配性能曲线基本重合，从而说明了本节所提出分配算法的有效性，在复杂度远远小于穷举算法的情况下逼近穷举算法的性能。

图 4-12 给出了不同信噪比条件下子载波分配算法和基于梯度的功率分配算法所带来的性能增益。子载波数 $N=8$，多播组中包括 20 个多播用户。从仿真结果中可以得出以下几点结论：首先，子载波分配方案(SA-EP)下的系统容量优于文献[4]中的 LSGA 方案，并且随着信噪比的增加，子载波分配所带来的性能增益越来越大。这一点说明了子载波分配在组内资源分配中的重要性，在子载波上选择性能较好的多个用户，使得子载波上的传输速率突破了最差用户信道容量的限制。其次，SA-EP LPA 和 SA-EP PAG 两种方案的性能优于 SA-EP 方案。四种方案中，本章提出的资源分配算法(SA-EP PAG)性能最优。这是由于在基于拉格朗日方法的功率分配方案(LPA)中，根据每一个子载波上最差用户的信道状态进行注水，而没有考虑每个子载波上的其他用户。

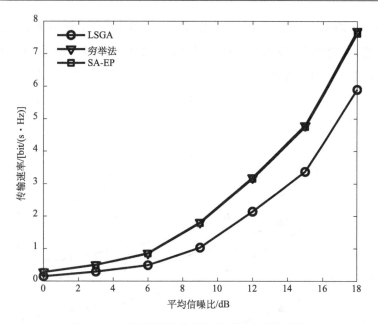

图 4-11　不同子载波分配方式时用户传输速率

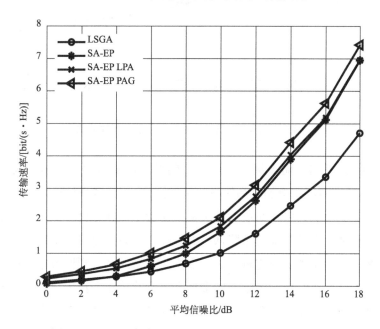

图 4-12　不同平均信噪比时组内资源分配方案性能比较

　　图 4-13 仿真了不同资源分配方案下系统容量和用户数之间的关系。多播系统中包含 8 个子载波，发射信噪比为 10dB。仿真了多播组中的用户数为 15～40 时，

多播系统的传输速率变化。当用户个数增加时，四种资源分配方案下的系统容量均显著降低。这是由于用户数增加后，传输过程中必须满足更多用户的容量限制，且随着用户数的增加，出现处于深衰状态的用户的概率增大，因此系统容量逐渐降低。相比平均功率分配时的子载波分配方案(SA-EP)，SA-EP LPA 带来的性能增益略有增加。

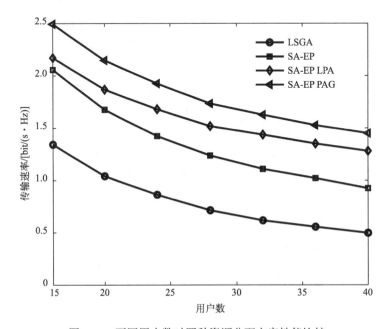

图 4-13　不同用户数时四种资源分配方案性能比较

　　由图 4-13 可知，随多播组中用户数的增加，多播用户的传输速率减小。图 4-14 仿真了当用户数增加时系统吞吐量的变化。传统多播传输方法(LSGA)中，随着用户个数的增加，多播系统吞吐量基本保持不变并略有降低。这是由于随着用户个数的增加，多播传输速率降低，而吞吐量由系统速率和用户数乘积得到。这说明当多播用户增加到一定程度时，多播所带来的系统频谱效率的提升已经无法得到体现。然而进行资源分配后的多播系统吞吐量随多播用户的增加而增加，这说明多播系统进行资源分配后，多播用户的增加虽然使得多播用户的传输速率降低，但是系统总吞吐量是增加的。同样，在吞吐量性能上，四种算法中，本节提出的资源分配(SA-EP PAG)算法性能最好。

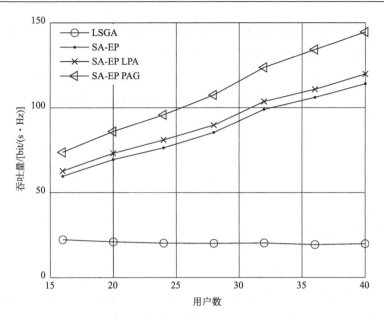

图 4-14　四种资源分配算法下系统吞吐量随用户数的变化

图 4-15 仿真了在多播用户数为 20，发射信噪比为 10dB 时，系统容量随子载波数的变化。从图 4-15 可以看出，在子载波数较少的时候，相比文献[4]中的

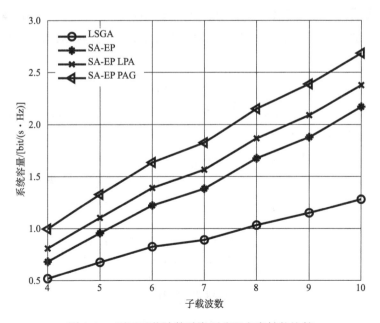

图 4-15　不同子载波数时资源分配方案性能比较

LSGA 方案，子载波分配(SA-EP)方案所带来的系统性能的提升并不明显，在子载波数增加时，子载波分配(SA-EP)方案带来的性能增益会得到改善。这是因为随着子载波个数的增加，对于每个用户来说能够在更多的子载波中选择适合自己的子载波进行传输。另外，资源分配后的系统容量随着子载波数的增加近似呈线性增加。

4.5　多天线系统组内资源分配

4.5.1　系统场景与建模

4.4 节分析了单天线多播系统组内资源分配问题，通过多播系统组内子载波分配和功率分配来提高系统传输速率。本节将组内资源分配问题扩展到多天线系统中。考虑一个多天线多播系统，如图 4-16 所示，发射端配有多天线，接收用户端配有单天线。M 个多播用户属于同一个多播组，接收相同的数据。假定基站端已知所有用户的信道状态，基站端不仅需要根据信道状态和用户的 QoS 需求进行子载波分配和功率分配，还需要确定各子载波上的预编码矢量[14]。根据子载波分配和功率分配的结果，发射端将数据从多个子载波上送出。用户根据子载波分配结果在指定的子载波上接收数据，然后对多个子载波上的接收数据进行联合译码，以得到原始数据。

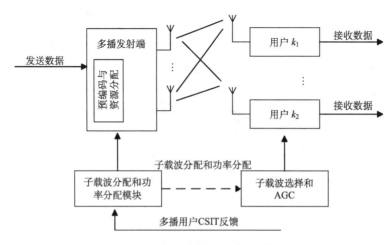

图 4-16　多天线单组多播系统框图

多播业务占用 N 个子载波，$\boldsymbol{h}_{i,n}$ 表示第 i 个用户在第 n 个子载波上的信道矢量，每个用户经历块衰落平稳信道，即每次传输时信道状态保持不变，相邻两次传输中信道状态相互独立。并且假设在资源分配过程中信道状态保持不变，不同用户的信道状态相互独立，相邻子载波信道状态相互独立。

每个子载波具有相同的带宽 B_0，$B_0=B/N$，B 为系统总带宽。由香农信道容量公式可知，第 i 个用户在第 n 个子载波所能达到的系统容量 $c_{i,n}$ 可表示为

$$c_{i,n} = B_0 \log_2 \left(1 + \frac{\left| \boldsymbol{\omega}_n \boldsymbol{h}_{i,n}^{\mathrm{H}} \right|^2 P_n}{N_0 B_0} \right) \tag{4-58}$$

式中，$\boldsymbol{\omega}_n$ 表示子载波 n 上的预编码矢量；N_0 表示噪声的单边功率谱密度；P_n 表示第 n 个子载波上分配的功率，且满足 $\sum_{n=1}^{N} P_n = P_{\max}$，$P_{\max}$ 为系统总功率。

4.5.2　组内资源分配问题描述

同单天线系统一样，定义子载波分配变量 $\rho_{i,n}$ 来表示第 n 个子载波是否分配给第 i 个用户。如果 $\rho_{i,n}=1$，则表示第 n 个子载波分配给第 i 个用户；如果 $\rho_{i,n}=0$，则表示第 n 个子载波没有分配给第 i 个用户。

第 n 个子载波上传输速率 c_n 取决于它上面所分配用户中的最小速率，即

$$c_n = \min_{i \in \Omega_n} c_{i,n} \tag{4-59}$$

式中，集合 Ω_n 为第 n 个子载波上所分配的用户的集合，即 $\Omega_n = \{i \,|\, \rho_{i,n}=1, i \in \{1,\cdots,M\}\}$。

第 i 个用户的速率为分配给用户 i 的子载波上的传输速率的和，因此可表示为

$$R_i = \sum_{n=1}^{N} \rho_{i,n} c_n = \sum_{n \in \Theta_i} c_n = \sum_{n \in \Theta_i} \min_{i \in \Omega_n} c_{i,n} \tag{4-60}$$

式中，集合 Θ_i 表示第 i 个用户所占用的子载波的集合，即 $\Theta_i = \{n \,|\, \rho_{i,n}=1, n \in \{1,\cdots,N\}\}$。用户 i 根据集合 Θ_i 中指定的子载波接收数据。

由于多播组内的用户可能具有不同的传输速率需求，R_{req}^i 是第 i 个用户的最小传输速率，定义第 i 个用户的归一化速率为

$$\overline{R}_i = R_i / R_{\text{req}}^i = \frac{1}{R_{\text{req}}^i} \sum_{n=1}^{N} \rho_{i,n} \min_{i \in \Omega_n} B_0 \log_2 \left(1 + \frac{\left| \boldsymbol{\omega}_n \boldsymbol{h}_{i,n}^{\text{H}} \right|^2 P_n}{N_0 B_0} \right) \tag{4-61}$$

定义多播业务(系统)的归一化速率为所有用户中最小的归一化速率，$\overline{R} = \min_i \overline{R}_i$。多播业务的归一化速率决定了多播业务的性能。

通过预编码操作、子载波分配和功率分配来最大化多播业务的归一化速率，即 $\max\limits_{\boldsymbol{\omega}_n, \rho_{i,n}, P_n} \min\limits_i \overline{R}_i$。综上，最优化问题可以表示如下：

$$\max_{\boldsymbol{\omega}_n, \rho_{i,n}, P_n} \min_i \frac{1}{R_{\text{req}}^i} \sum_{n=1}^{N} \rho_{i,n} \min_{i \in \Omega_n} B_0 \log_2 \left(1 + \frac{\left| \boldsymbol{\omega}_n \boldsymbol{h}_{i,n}^{\text{H}} \right|^2 P_n}{N_0 B_0} \right) \tag{4-62}$$

$$\text{s.t.} \quad \sum_{n=1}^{N} P_n \leqslant P_{\max} \tag{4-63}$$

$$\left| \boldsymbol{\omega}_n \right|^2 = 1 \tag{4-64}$$

$$\rho_{i,n} \in \{0,1\} \tag{4-65}$$

限制条件(4-63)声明了总功率限制。

4.5.3 资源分配算法

资源分配过程中需要优化的参数包括各子载波上的预编码矢量、子载波分配、各子载波上的功率分配。同 4.4 节一样，为了降低运算复杂度，采用多个阶段独立求解的方式来求解原问题。第 3 章组间资源分配中每个子载波为某个多播组内所有用户传输数据，因此预编码矢量取决于该多播组中性能最差的用户，可采用最大最小准则求解。组内资源分配中每个子载波为多播组中部分用户传输数据，因此预编码矢量的选择取决于该多播组上的用户选择。同样某个子载波上的预编码矢量决定该子载波上所有用户的信道容量，从而影响该子载波上的用户选择结果。因此在本节算法中，将预编码矢量求解和子载波分配联合处理。

原问题可分解成两个问题独立求解，问题一：假设各子载波上功率平均分配，联合预编码和子载波分配。问题二：在预编码和子载波分配结果的基础上，调整各子载波上的功率分配，进一步提高系统性能。

各子载波上功率平均分配，$P_n = P_{\max}/N$，联合预编码和子载波分配的目标函数可表示如下：

$$\max_{\boldsymbol{\omega}_n,\rho_{i,n},P_n} \min_i \frac{1}{R_{\text{req}}^i} \sum_{n=1}^{N} \rho_{i,n} \min_{i \in \Omega_n} B_0 \log_2 \left(1 + \frac{\left|\boldsymbol{\omega}_n \boldsymbol{h}_{i,n}^{\text{H}}\right|^2 P_{\max}}{N N_0 B_0}\right) \tag{4-66}$$

$$\text{s.t.} \quad \rho_{i,n} \in \{0,1\} \tag{4-67}$$

和单天线多播系统不同，用户容量取决于该子载波上的预编码矢量，因此预编码矢量的选取影响子载波上用户分配的结果。由第 2 章中求解预编码矢量的最大最小准则可知，预编码矢量的确定也取决于该子载波上用户选择的结果，使所选择用户集中最差用户的接收信噪比最大。因此，预编码矢量和用户选择互相影响，在 4.2 节的迭代过程中，每次迭代，重新分配用户后都需要重新计算预编码矢量，带来较大的计算开销。因此在多天线系统组内资源分配中，本节采用另一种方式，将预编码过程和子载波分配联合处理，预编码矢量从该子载波上所有用户的信道矢量的共轭中选择。

多天线单组多播系统的组内资源分配算法步骤详细描述如下：

组内资源分配算法

1. 初始化

a) $S_n = \{i \mid i = \arg\max|\boldsymbol{h}_{i,n}|, i \in \{1,\cdots,M\}\}$，如果 $i \in S_n$，则 $\rho_{i,n}=1$，否则 $\rho_{i,n}=0$

b) $\Omega_n = S_n$，$\Theta_i = \{n \mid \rho_{i,n}=1, n \in \{1,\cdots,N\}\}$，$j=1$

c) $\boldsymbol{\omega}_n = \boldsymbol{h}_{i,n}^{\text{H}} / |\boldsymbol{h}_{i,n}|$，计算各用户的归一化速率 $\bar{R}_i$ 和多播业务的归一化速率 $\bar{R}(j)$，$j=j+1$

2. 循环至 $\Theta_i = \{1,\cdots,N\}, i \in \{1,\cdots,M\}$

a) 找出归一化速率最小的用户集合，$T = \{i \mid i = \arg\min \bar{R}_i, i \in \{1,\cdots,M\}\}$

b) 如果 $|T| > 1$

i) 对于所有 $i \in T$，且 $n \in \{1,\cdots,N\} \setminus \Theta_i$，找出 $(i^*, n^*) = \arg\max_{i,n} |\boldsymbol{h}_{i,n}|$

ii) $\rho_{i^*,n^*} = 1$

iii) $\boldsymbol{\omega}_{n^*} = \boldsymbol{h}_{i^*,n^*}^{\text{H}} / |\boldsymbol{h}_{i^*,n^*}|$

c) 否则

i)令 $i^* = i \in T$，对于 $n \in \{1, \cdots, N\} \setminus \Theta_i$，找出 $n^* = \arg\max_n \left| h_{i^*, n} \right|$

ii) $\rho_{i^*, n^*} = 1$

iii) $\boldsymbol{\omega}_{n^*} = \boldsymbol{h}_{i^*, n^*}^{\mathrm{H}} / \left| h_{i^*, n^*} \right|$

d)

i)更新 c_{i, n^*}，找出 $U = \{i \mid c_{i, n^*} > c_{i^*, n^*}, i \in \{1, \cdots, M\} \setminus \Omega_n\}$

ii) $\rho_{i, n^*} = 1$，对于 $i \in U$

e)更新 $\Omega_{n^*} = \Omega_{n^*} \cup \{i^*\} \cup U$，$\Theta_{i^*} = \Theta_{i^*} \cup \{n^*\}$，并且 $\Theta_i = \Theta_i \cup \{n^*\}$，对于 $i \in U$

f)更新 $R_i = \sum_{n \in \Theta_i} c_n = \sum_{n \in \Theta_i} \min_{i \in \Omega_n} c_{i, n}$，$\overline{R}_i = R_i / R_{\mathrm{req}}^i$，以及 $\overline{R}(j) = \min_i \overline{R}_i$，$\Lambda(j) = [\rho_{i, n}]$，$\Psi(j) = [\boldsymbol{\omega}_n]$ 且 $j = j + 1$

3. 循环结束后 $\overline{R}(j)$ 中最大的元素即所求的系统归一化速率，该元素所对应的矩阵 Λ 和 Ψ 的值即归一化速率最大时的子载波分配索引和各子载波上的预编码矢量

在初始化阶段，将每个子载波分配给该子载波上信道矢量模最大的用户，同时子载波上的预编码矢量选取为该用户信道矢量的共轭。采用 4.4 节中的子载波分配使得组内最差用户的传输速率最大化，然后每次迭代为最差用户分配子载波，每个子载波上的预编码矢量取该子载波上最差用户的信道矢量共轭的归一化，然后再次进行子载波分配。多天线多播系统中的组内资源分配算法流程图如图 4-17 所示。

4.5.4　仿真结果及分析

本小节针对以下四种算法进行性能仿真：

算法一(无资源分配及预编码)：各子载波上承载所有用户的传输数据，预编码矢量为最优用户归一化信道共轭。

$$\boldsymbol{\omega}_n = \boldsymbol{h}_{i, n}^{\mathrm{H}}, \quad i = \arg\max_i \left| \boldsymbol{h}_{i, n}^{\mathrm{H}} \right|^2 \tag{4-68}$$

算法二(预编码)：各子载波上承载所有用户的传输数据，预编码矢量通过最大最小方式求解。

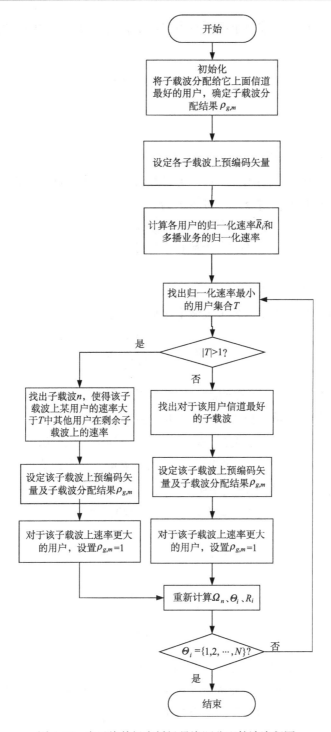

图 4-17　多天线单组多播场景资源分配算法流程图

该算法中，所有子载波承载所有用户。子载波 n 上的预编码矢量的计算方式如下：

$$\boldsymbol{\omega}_n = \arg\max_{\boldsymbol{\omega}_n \in \mathbb{C}^N} \min_i \left| \boldsymbol{\omega}_n \boldsymbol{h}_{i,n}^{\mathrm{H}} \right|^2 \tag{4-69}$$

$$\text{s.t.} \quad \left\| \boldsymbol{\omega}_n \right\|^2 \leqslant P_n \tag{4-70}$$

预编码矢量的求解可通过 2.3 节中的方法。

得到各子载波上预编码矢量后，各子载波上的最大数据传输速率受限于子载波上性能最差用户的信道容量，可表示为

$$r_n = B_0 \log_2 \left(1 + \frac{\alpha_n^2 P_n}{N_0 B_0} \right) \Big/ B \tag{4-71}$$

式中，$\alpha_n = \min \left| \boldsymbol{\omega}_n^{\mathrm{H}} \boldsymbol{h}_{i,n} \right|$。

系统传输速率可表示为各子载波上传输速率之和

$$R = \sum_{n=1}^{N} B_0 \log_2 \left(1 + \frac{\alpha_n^2 P_n}{N_0 B_0} \right) \Big/ B \tag{4-72}$$

算法三(联合预编码资源分配)：本节资源分配算法，将预编码和资源分配联合处理。预编码矢量从多播用户信道矢量的共轭中选取。

算法四(预编码+资源分配)：根据第 3 章组间资源分配的思想，将资源分配问题分解为预编码和子载波分配两个问题独立求解。其中预编码操作根据最大最小公平准则,然后根据预编码矢量所得到的各用户等效信道增益进行子载波分配,子载波分配的具体步骤采用 4.4 节中单天线子载波分配。

预编码步骤中，在各子载波上针对所有用户进行最大最小预编码矢量计算。子载波 n 上的预编码矢量的计算方式如下：

$$\boldsymbol{\omega}_n = \arg\max_{\boldsymbol{\omega}_n \in \mathbb{C}^N} \min_i \left| \boldsymbol{\omega}_n \boldsymbol{h}_{i,n}^{\mathrm{H}} \right|^2 \tag{4-73}$$

$$\text{s.t.} \quad \left\| \boldsymbol{\omega}_n \right\|^2 \leqslant P_n \tag{4-74}$$

预编码矢量的求解可通过 2.3 节中的方法。

得到各子载波上预编码矢量后，各子载波上的最大数据传输速率受限于子载波上性能最差用户的信道容量，可表示为

$$r_n = B_0 \log_2 \left(1 + \frac{\alpha_n^2 P_n}{N_0 B_0}\right)\bigg/ B \tag{4-75}$$

然后在子载波分配步骤中根据 4.4 节图 4-9 中子载波分配流程进行组内子载波分配。

图 4-18 给出了不同平均信噪比时四种资源分配算法所带来的性能增益。仿真子载波数 $N=8$，天线数 $M=4$，多播组包括 20 个多播用户。仿真结果显示无资源分配时系统的传输速率最低，远低于子载波分配后的系统传输速率。在无资源分配的系统中，预编码能够提高系统中各子载波上的传输速率。这是由于每个子载波上的预编码操作通过最大化该子载波最差用户的接收信噪比来提高该子载波上的传输速率，进而提高了整个系统的传输速率。在子载波分配的两种算法中，与算法四(基于最大最小准则的预编码+资源分配)相比，本节所提算法性能略差于算法四，在性能损失不大的情况下极大地降低了运算复杂度。

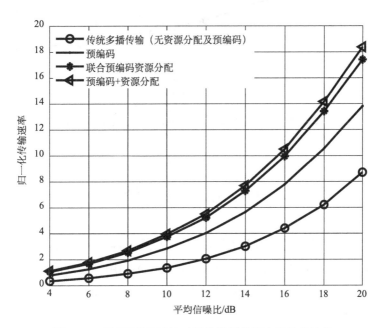

图 4-18　不同平均信噪比时四种资源分配方案性能比较

图 4-19 给出了随着多播用户数增加不同资源分配算法下的归一化传输速率。可以看出，随着用户数的增加，本章算法和算法四(基于最大最小准则的预编码+资源分配)之间的性能差异越来越小。这是由于本章算法中预编码从多播用户的信

道矢量的共轭中挑选，当用户数增加时，可选择的预编码矢量增加，因此预编码矢量的选择与基于最大最小准则的预编码矢量越来越接近。因此，本节算法在用户数增加时能够取得更大的性能增益。

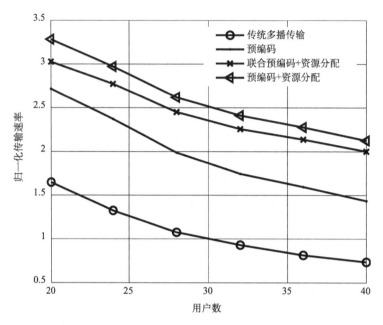

图 4-19　不同用户数时四种资源分配方案性能比较

4.6　本　章　小　结

本章主要讨论了无线多播系统的组内资源分配问题，针对多播系统中传输速率受限于最差用户的系统瓶颈，通过在多播组内不同用户之间的子载波分配和功率分配提高系统吞吐量及传输速率等性能。通过仿真验证及理论分析，本章得出的主要结论包括：

(1)基于分层传输的资源分配方式中，将数据编码为基本层和增强层，用户根据自己的信道状态决定是否接收增强层数据。优化目标为在所有用户满足基本层速率约束的条件下最大化增强层的吞吐量。通过分别为基本层和增强层分配资源，兼顾多播传输的效率和公平问题，为信道状态不同的多播用户提供差异化服务。

(2)利用多播组内用户间的多用户分集，在各子载波上进行合理的用户选择，能够显著提高多播系统传输速率，突破传输速率受限于该子载波上最差用户的限制，算法复杂度远小于子载波遍历方式。在用户数增加或子载波数增加的情况下，资源分配所带来的系统容量的增益更加明显。

(3)多天线多播系统组间资源分配中，联合预编码和子载波分配算法能够显著提高多天线多播系统传输速率。且预编码矢量从所有用户的信道矢量共轭中选取，有效降低了运算复杂度。在用户数增加时，联合预编码和子载波分配算法能够进一步提高系统性能。

参 考 文 献

[1] Özbek B, Ruyet D L, Khanfir H. Performance evaluation of multicast MISO-OFDM systems. Annals of Telecommunications-annales des Télécommunications, 2008, 63(5-6): 295-305.

[2] Liu J, Chen W, Cao Z, et al. Dynamic power and subcarrier allocation for OFDMA-based wireless multicast systems. Proceedings of IEEE ICC, Beijing, 2008: 2607-2611.

[3] 孙群龙, 卫国. 多播 OFDM 系统中基于 QoS 保证的资源分配研究. 中国科学技术大学学报, 2010, 40(8): 818-822, 828.

[4] Bakanoglu K, Wu M Q, Saurabh M. Adaptive resource allocation in multicast OFDMA systems. Proceedings of WCNC, Sydney, 2010: 1-6.

[5] Suh C, Mo J. Resource allocation for multicast services in multicarrier wireless communications. IEEE Transactions on Wireless Communications, 2008, 7(1): 27-31.

[6] Tan C K, Chuah T C, Tan S W. Adaptive multicast scheme for OFDMA based multicast wireless systems. Electronics Letters, 2011, 47(9): 570-572.

[7] Tian L, Pang D, Shi J L, et al. Subcarrier allocation for multicast services in multicarrier wireless systems with QoS guarantees. Proceedings of IEEE WCNC, Sydney, 2010: 1-6.

[8] Alay O, Liu P, Wang Y, et al. Cooperative layered video multicast using randomized distributed space time codes. IEEE Transactions on Multimedia, 2011, 13(5): 1127-1140.

[9] Deng H, Tao X M, Xing T F, et al. Resource allocation for layered multicast streaming in wireless OFDMA networks. Proceedings of IEEE ICC, Kyoto, 2011: 1-5.

[10] Ngo D T, Tellambura C, Nguyen H H. Efficient resource allocation for OFDMA multicast systems with fairness consideration. Proceedings of IEEE RWS, San Diego, 2009: 392-395.

[11] Dai J S, Ye Z F, Xu X. Power allocation for maximizing the minimum rate with QoS constraints. IEEE Transactions on Vehicular Technology, 2009, 58(9): 4989-4996.

[12] Papoutsis V D, Fraimis I G, Kotsopoulos S A. User selection and resource allocation algorithm with fairness in MISO-OFDMA. IEEE Communications Letters, 2010, 14(5): 411-413.

[13] Papoutsis V D, graimis I G, Kotsopoulos S A. Fairness-aware user selection and resource allocation in MISO-OFDMA. European Transactions on Telecommunications, 2010, 21(6): 568-574.

[14] Maiga A, Baudais J Y, Helard J F. Subcarrier, bit and time slot allocation for multicast precoded OFDM systems. Proceedings of IEEE ICC, Cape Town, 2010:1-6.

缩　略　语

英文缩写	英文全称	中文
3GPP	3rd Generation partnership project	第三代合作伙伴计划
CSI	Channel state information	信道状态信息
E-MBMS	Enhanced multimedia broadcast multicast service	增强多媒体广播组播业务
LTE	Long term evolution	长期演进
MBMS	Multimedia broadcast multicast service	多媒体广播组播业务
MBSFN	Multicast/broadcast single frequency network	多播/广播单频网
MIMO	Multiple-input multiple-output	多输入多输出
MISO	Multiple-input single-output	多输入单输出
MMSE	Minimum mean square error	最小均方误差
OFDM	Orthogonal frequency-division multiple	正交频分复用
OFDMA	Orthogonal frequency-division multiple access	正交频分多址接入
OMS	Opportunistic multicast scheduling	机会多播调度
QoS	Quality of service	服务质量
SISO	Single-input single-output	单输入单输出
SNR	Signal-to-noise ratio	信噪比
SINR	Signal-to-interference plus noise ratio	信干噪比
SDP	Semidefinite programming	半正定问题
ZF	Zero forcing	迫零

后　　记

　　本书针对无线多播用户间差异性和无线资源约束，研究了多天线多播系统资源分配问题，分别考虑多播系统的预编码问题、组间资源分配问题和组内资源分配问题，优化配置系统空域、频域和功率资源，提高多播系统的吞吐量和传输速率等性能，更好地满足用户需求。本后记将总结本书在多天线无线多播系统场景中联合资源分配方面的研究工作，并分析无线多播未来研究方向。

　　本书从以下几个方面研究了多播系统中的资源分配算法。

　　第一：研究无线多组多播系统中基于有限反馈的预编码技术。

　　无线多播系统中多播传输速率取决于系统中最差用户，多天线系统中通过预编码提高系统中最差用户的接收信干噪比，来提高系统的发射速率。本书针对多组多播场景，研究有限反馈条件下预编码问题，确定各多播组的预编码矢量，提高多播组中最差用户的接收信干噪比，并且降低对于其他多播组的组间干扰。在有限反馈多播系统中，需要对理想情况下的预编码问题进行修正。有限反馈下多播系统中的预编码性能比理想信道状态下的预编码性能差，随着反馈比特数的增加，有限反馈系统的性能逐渐向理想情况下的预编码性能逼近。随着多播组中用户数的增加，系统所能达到的传输速率逐渐降低，在提高频谱利用率的同时降低了多播用户的性能。

　　第二：研究无线多播系统中吞吐量最大化的组间资源分配算法。

　　首先，研究多天线多播系统提出一个基于吞吐量最大化的组间资源分配问题，将空域、频域和功率资源在多播组间合理分配，以达到系统吞吐量最大化的目的。针对上述资源分配问题，提出一种将预编码操作、子载波分配和功率分配分别进行的次优求解方法。结合预编码操作、子载波分配和功率分配提出两个算法：EPSA 和 OSPA，以及在高信噪比/低信噪比场景中进一步降低运算复杂度的 H-EPSA/L-EPSA 和 H-OSPA/L-OSPA。

　　针对吞吐量最大化的资源分配方案中存在的由于组间用户数不同所造成的资源分配不均，提出一种考虑组间公平的资源分配算法，在满足各多播组子载波需求的限制条件下最大化系统吞吐量。为了降低运算复杂度，同样将预编码操作、子载波分配和功率分配分别进行。仿真结果表明，考虑组间公平的资源分配算法能够较好地权衡多播系统中的公平性和传输效率。

第三：研究无线多播系统中组内资源分配算法。

组内资源分配通过在组内多播用户间进行子载波分配和功率分配，突破子载波传输速率受限于该子载波上最差用户性能的瓶颈。

首先，针对多播组内资源分配进行建模，分析了组内吞吐量最大化的资源分配问题，研究多播系统吞吐量与子载波上用户选择结果和传输速率的关系。

其次，针对吞吐量最大化组内资源分配方式中某些用户无法得到资源分配的问题，提出一种基于分层传输的组内资源分配方法。在发射端将数据划分为基本层和增强层。通过资源分配在满足基本层用户需求的条件下最大化增强层吞吐量，解决了吞吐量最大化组内资源分配算法中多播用户之间的不公平问题。在求解过程中，子载波分配阶段先为基本层数据分配子载波，然后将未分配的子载波分配给使该子载波吞吐量最大的多个用户。

再次，针对多播传输速率最大化的问题，提出一种组内资源分配算法。通过迭代的方式避免子载波穷举所带来的计算复杂度开销，每次迭代中选取系统中最差用户，为它分配针对它最好的子载波，直到所有子载波都分配给所有的用户，然后从所有迭代状态中选择一个使得发射速率最大的子载波分配方式。功率分配采用基于梯度法的方式，每次迭代时功率分配矢量往最差用户的梯度方向进行旋转，以提高最差用户的传输速率。仿真结果表明，相比传统的多播传输方式，本书所提算法能够显著提高传输速率。

最后，在多天线多播系统中研究多播传输速率最大化的问题，为了降低基于最大最小准则的预编码过程中的运算复杂度，将预编码和子载波分配联合进行，每次迭代过程中针对系统最差用户分配子载波，并且重新计算该子载波上的预编码矢量。这种算法在对系统性能影响不大的条件下大大地降低了复杂度。

随着无线通信新技术的出现，无线广播组播领域在和新涌现的无线通信技术结合过程中，未来存在的研究方向有如下几方面。

1) 非正交多址接入

非正交多址接入(non-orthogonal multiple access, NOMA)指用户以非正交的形式接入无线通信系统。传统的时分多址(TDMA)、频分多址(FDMA)、空分多址(SDMA)、正交频分多址(OFDMA)均为正交多址接入。NOMA 系统中，每个用户不仅收到自身数据，并且会受到该无线资源上其他用户的干扰。同干扰信道场景不同，NOMA 用户若满足干扰消除条件，可通过自干扰消除技术消除其他用户的干扰。在 NOMA 系统中，可依据用户信道状态信息、QoS 需求，对不同用户的发射功率进行优化，使之在满足 QoS 需求的条件下最优化系统性能。NOMA已成为 B5G 系统中的候选接入方案。

多组多播系统中，传统的接入方式是多播组内用户共享相同的无线资源，不同的多播组接入相互正交的无线资源。在基于 NOMA 的多播系统中，如何在多播组之间采用非正交的方式接入信道，并且通过自干扰消除的条件消除组间干扰，需要在时域、空域、用户域、功率域进行联合优化。

2) 大规模天线

LTE 系统中基站典型的天线配置为 4 天线或 8 天线。依据多天线信息理论，天线数的增加可提高多天线系统信道容量。因此在第 5 代移动通信系统(5G)中将基站天线数提升至更高维度，形成大规模天线(massive MIMO)。随着基站天线数趋于无穷大，不同用户信道间将趋于正交。但是大规模天线中存在的技术挑战包括：导频污染问题、信道状态信息有限反馈问题等。

在大规模天线系统中传输多播业务，无法通过单一波束为所有用户提供服务，因此如何针对多播用户进行空域资源的分配，以及基站端如何获取多播用户的信道状态信息，是面向多播业务的未来通信系统需要研究的问题。

3) 机器学习

未来移动通信系统中场景和业务的多元化，使得未来无线通信系统无法通过统一的模型进行描述。以信道建模和移动业务建模为例：车联网、无人机、工业物联网场景中无线通信需要采用不同的信道模型，移动视频传输、面向短包的传感/控制业务需要不同的业务建模方式和服务质量需求。因此未来移动通信系统组网方式、发送/接收方法、网络协议均需要具备适应业务特性的能力。采用机器学习的方式，依据无线通信系统的历史数据、移动业务优化目标，探索数据驱动的物理层通信技术、组网技术、资源分配方法等，是未来移动通信的发展趋势。多播业务随着用户数的增加，空域/组间/组内资源分配复杂度显著增加，因此需采用机器学习的方式，探索用户动态接入/退出时的在线优化，基于深度学习的组内资源分配等问题。

4) 无人机通信

无人机通信是 5G 的研究热点，一方面 5G 移动通信技术可以为无人机提供高可靠、低延时的无线通信服务，为无人机组网提供通信保障；另一方面无人机作为移动基站或中继可以为无线蜂窝网络覆盖盲区的用户提供服务，如在由于地震等重大灾害导致通信基础设施损毁时，通过无人机可以为受灾区域提供灾害及救援信息广播/多播服务。由于无人机的移动特性，在提供多播服务时，需要在无人机自身飞行能力约束和能量约束的条件下，对无人机的飞行高度、飞行路径、发射功率等进行联合优化，以最大化无人机覆盖范围或多播用户数。